河出文庫

すごい物理学入門

カルロ・ロヴェッリ
竹内薫 監訳　関口英子 訳

河出書房新社

目次

◎

すごい物理学入門

すごい物理学入門

はじめに

この本にある七つの《講義》は、現代物理学についてあまり知識がないか、またはまったく知らないという人たちのために書いたものです。全体を通して読むことによって、二十世紀に物理学の分野で起こった革新にかかわる、とても重要で魅力的な、いくつかのテーマがおおまかに理解できるようになっています。とりわけ、その革新によってどのような疑問や謎が新たにもたらされたのかがわかることでしょう。科学というものは、私たち人間をとりまく世界をどのように理解したらいいのかを示してくれるだけでなく、私たちがいまだに知らないことがいかにたくさんあるのかも教えてくれるのです。

最初の《講義》では、「現存する物理学の理論のなかでもっとも美しい理論」と評されるアルベルト・アインシュタインの相対性理論をとりあげます。第2回講義では、現代物理学のなかでもとくに驚きに満ちた概念がからみあう量子力学について、第3回講義では宇宙、つまり私たちが住んでいる世界の構造について考えます。さらに第4回講義では素粒子に注目し、第5回講義では量子重力理論をとりあげます。量子重力理論は、一般相対性理論と量子力学という二十世紀の偉大な発見の二本柱を統一するための、現在進行中の試みといえるでしょう。第6回講義は、ブラックホールをめぐる確率と熱について。そして最終講義では、本書の締めくくりとして、私たち人間という存在に注目し、物理学によってしだいに解き明かされてきたこの不思議な世界のなかで、私たち人間をどのように捉えることができるのかを考えていこうと思います。

これらの《講義》は、イタリアの経済紙『イル・ソーレ・24オーレ』の日曜特別紙面「ドメニカ」で連載した記事に手を加えたものです。日曜版の文化面で物理をとりあげることによって、物理学もまた、文化において欠かすことのできない重要な役割をになっていることを広く伝えてくださった、同紙のアルマンド・マッサレンティ氏に心より感謝します。

第1回講義

世界でいちばん美しい理論

若き日のアルベルト・アインシュタインは、イタリアのパヴィアで、何をするでもなく一年間を過ごしていたことがありました。人生においてものごとを達成するには、傍目《はため》からは無駄に見える時間が必要だということが往々にしてありますが、残念ながら思春期の子どもをもつ親たちは、そうしたことを見落としてしまいがちです。アルベルトは、ドイツの州立高校《ギムナジウム》の厳しい規律にたえきれず、学校をやめ、当時イタリアにいた家族のあとを追ってきたのでした。ちょうど二十世紀の幕開けにあたる時代で、イタリアでは産業革命が始まったばかりでした。アルベルトの父親はエンジニアで、ポー平野で最初の発電所の建設に従事していました。アルベルトはカントの哲学書を読みふけり、気のむいたときにパヴィア大学の授業を聴講するだけでした。大学に正式に入学することも、単位をとることもしなかったのです。「本物の科学者」になるためには、そうした回り道が重要です。

アインシュタインが発見した矛盾

その後、チューリヒ連邦工科大学に入学すると、アルベルトは物理に夢中になりました。数年後の一九〇五年には、当時の有力な科学誌『物理学年鑑』で三本の論文を発表します。それぞれがノーベル賞に匹敵するほど重要なものでした。一本目の論文は、原子が本当に存在することを証明したもので、二本目は量子力学への扉をひらくものでした（これについては次の講義で説明していきます）。そして三本目が、最初の相対性理論を提示した論文です（現在では「特殊相対性理論」と呼ばれています）。この理論によって、時間というものは必ずしも誰にとってもおなじように経過するわけではないことが明らかになりました。たとえ一緒に生まれた双子でも、片方だけが高速で旅を続けていれば、年をとるころには年齢が異なってくるのです。

　これらの論文によって、アインシュタインはようやく科学者として名を知られ、大学から教員として招聘《しょうへい》されるようになりました。それでも彼の胸のうちには、どこか釈然としない思いがありました。相対性理論は高く評価されたものの、重力について、つまり物体がどのようにして落下するのかについて、それまで一般に知られていたこととは相容《あいい》れない矛盾があったからです。相対性理論に関してまとめた記事を書くなかでそのことに気づいたアインシュタインは、物理学の父と呼ばれるニュートンの提唱した厳然たる「万有引力の法則」さえも見直し、新たな相対性理論とつじつまが合うようにする必要があると考えました。こうして彼はひたすらその課題に取り組んだのです。

　問題を解決するには、十年という歳月が必要でした。十年ものあいだ脇目もふらずに研究し、数々の試みや失敗を重ね、混乱し、間違った論文を発表し、素晴らしいアイディアがひらめいたかと思うと、誤りに気づく……。そんなことを繰り返したあげく、ようやく一九一五年の十一月、問題を完璧に解き明かした論文を発表したのです。「一般相対性理論」と名づけられた、この新しい重力理論は、アインシュタインの最高傑作といえるもので、のちにロシアの偉大な物理学者レフ・ランダウによって、「現存する物理学の理論のなかでもっとも美しい理論」と称讃されることになります。

モーツァルトの『レクイエム』や、ホメロスの叙事詩『オデュッセイア』、ヴァチカン宮殿のシスティーナ礼拝堂、シェークスピアの『リア王』など、世界の圧倒的な傑作といえるものは、いずれもその真の素晴らしさを理解しようと思ったら、一定期間の修業を積むことが求められます。努力をすれば、純粋な美という褒美《ほうび》を手にできるだけでなく、世界に対する新しい視野もひらけるのです。アルベルト・アインシュタインの考え出した至宝、「一般相対性理論」も、まさにそうした傑作のひとつといえるでしょう。

この理論が理解できるかもしれないという手ごたえを感じたときの興奮をいまだに憶えています。夏のある日、大学の最終学年だった私は、イタリア南部のカラブリアにあるコンドフーリという海岸で、地中海沿岸の陽射しを体いっぱいに浴びていました。大学生にとっては、長い夏休みこそ、通学に気をとられることなく学業に集中できるため、もっとも勉強のはかどる時期だといえます。

私は、端にネズミのかじった跡がある本を読んで勉強していました。ボローニャ大学の授業に退屈すると、よくウンブリア州の丘にある古い農家にこもっていたのですが、夜になるとネズミが出るので、その本で巣穴の出口をふさいでいました。私は、ときおり本から目をあげ、海を眺めては、きらきらと波が光るのを見ていました。すると、アインシュタインの考えた時空のゆがみがほんとうに見えた気がしたのです。

それは、魔法にかけられたような感覚でした。まるで、これまで極秘にされてきた驚くべき真実を、私の耳もとで友だちがこっそりささやいてくれたようでした。その瞬間、現実世界をおおっていたヴェールがはがれ落ち、シンプルで深みのある秩序があらわれたように感じたのです。地球はまるく、独楽《こま》のように回転を続けているということを知ったときから、私たち人類は、現実世界がじつは目に映るものとは異なるということを学んできました。そして、新たな発見をするたびに、世界をおおうヴェールがまた一枚、はがれ落ちていくのを実感して、興奮をおぼえてきたのです。

とはいえ、歴史の流れを見わたしたとき、人類の知が次から次へと飛躍的に進歩してきたなかでも、アインシュタインが発見した理論に匹敵するものは、おそらくないでしょう。なぜでしょうか。理由としてまず挙げられるのが、一般相対性理論は、ひとたびそのしくみを理解できれば、びっくりするほどシンプルなものだということです。その概念を簡単にまとめると、次のようになります。

ニュートンは、物体がなぜ落下するのか、そして惑星がなぜ回転するのかを説明しようと試みました。すべての物体には互いに引き合う力があると仮定し、それを「引力」と呼ぶことにしました。ですが、この力がなぜ、あいだに何も存在していないにもかかわらず、離れた場所にある物体を引き合うのかは解き明かされていませんでした。偉大な物理学の父ニュートンは、慎重にも仮説を立てることを避けていたのです。ニュートンは、物体は空間内を動きまわっており、その空間とは空っぽの巨大な容器のようなもので、世界を入れておくための大きな箱だと考えていました。物体は、果てしないその箱のなかを、なんらかの力がかかって曲がるまで、まっすぐ進みつづけると考えたのです。しかし、いわば世界の「入れもの」ともいえる、ニュートンによって考えだされたこのような「空間」が、いったい何でできているかは、やはり解き明かされていませんでした。

重力場こそ空間そのもの

ところが、アインシュタインが生まれる数年前のこと、イギリスの偉大な物理学者、ファラデーとマクスウェルの二人が、ニュートンの考えだした空っぽの世界に、「電磁場」という要素をつけ加えました。電磁場というのは、どこにでもひろがっている実際に存在するものであり、電磁波となって空間を満たしています。それは湖面にひろがる波のように振動や波動を起こし、電気エネルギーを「あちこちに運ぶ」ことができると考えられたのです。父親から、建設した発電所の回転子が電磁場によってまわってしまうことを聞かされていたアインシュタインは、子どものころから電磁場に魅了されていました。そのうちに、電気となじように、重力も場によって運ばれるものではないかとひらめいたのです。だとしたら、「電場」と同様に、「重力場」というものも存在するはずだと考えた彼は、この「重力場」がどのような構造になっているのかを考え、それを導く方程式をつくりました。

天才的なアイディアがひらめいたのは、そのときです。重力場は、空間のなかにひろがっているのではなく、重力場こそが空間そのものなのだと考えたのです。これが、一般相対性理論の概念です。

つまり、ニュートンの定義した、物体が内部を動きまわっている「空間」と、重力を帯びている「重力場」とは、おなじものなのです。

アインシュタインのこのひらめきにより、驚くほどシンプルに世界をとらえることができるようになりました。それまで、空間は物質とは異なるものだと考えられてきましたが、そうではなく、空間も世界を構成する「物質的な」要素のひとつであり、波のように揺れたり、曲がったり、ゆがんだりするものなのです。私たちは、目に見えない硬い箱のような容器に入っているわけではなく、巨大でやわらかな「軟体物」のなかにうずまっているといったらいいでしょうか。太陽の存在は、周囲の空間をゆがめます。一方の地球は、太陽から生じる不思議な力に引っぱられて太陽のまわりを回転しているわけではなく、ゆがんでいる空間をひたすらまっすぐ進んでいるのです。たとえるならば、ろうとの内側をぐるぐるとまわっているビー玉のようなものです。ろうとの中心部から不思議な力が発生しているわけではなく、ろうとの内側の壁が湾曲していることによって、ビー玉

が回転するのです。惑星が太陽のまわりを回転するのも、物体が落下するのも、すべて空間がゆがんでいるからです。

では、このような空間のゆがみをどのように記述したらいいのでしょうか。十九世紀最大の数学者で、「数学王」の異名をもつカール・フリードリヒ・ガウスは、たとえば丘の表面のような、曲がった面を二次元であらわす数式を導きました。そして、三次元以上の、より複雑な曲がった空間にもそれを応用できないかと、優秀な弟子だったベルンハルト・リーマンにもちかけたのです。リーマンは、一見したところまったく役に立たなそうに思える、難解な論文を書きあげました。その結果、ゆがんだ空間の特性は、とある数学的な対象によってとらえられることがわかりました。現代ではこれを「リーマン曲率」と呼び、「R」で表記します。アインシュタインは、「R」が物質のエネルギーに比例するという方程式をあらわしました。要するに、空間のゆがみは物質の存在するところに生じるという、たったそれだけのものです。とてもシンプルなこの方程式は、ほかにつけ加えることもなく、たったの半行で書きあらわせます。空間がゆがむという着想と、ひとつの方程式。

それでいて、この方程式のなかには、まばゆいばかりの世界が凝縮されていま す。ここから、一般相対性理論という魔法による豊かな世界がひらけてくるのです。発表した当初は頭のおかしな人のうわごととしか思われていなかった、いくつもの奇想天外な予言が、実験によってことごとく証明されてきました。

まず、アインシュタイン方程式は、太陽のような恒星の周囲の空間がどのようにゆがむのかを記述します。そのゆがみによって、惑星が恒星のまわりを回転するだけでなく、光はまっすぐに進むのをやめ、逸《そ》れてしまいます。アインシュタ

インは太陽が光を曲げていると予言しましたが、一九一九年の皆既日食で、その角度が実際に計測され、予言は正しかったことが証明されました。
　また、空間だけでなく、時間にもゆがみが生じます。アインシュタインは、高度の高い場所では時間が早く進み、地表近くの低い場所では時間がゆっくり進むと予言しました。この予言もまた、実際の計測により真実だということが証明されたのです。双子のうちの一人が海辺で暮らし、もう一人が高い山の上

で暮らしたとすると、わずかな差ですが、山の上で暮らした者のほうが早く年をとるのです。まだあります。

大きな恒星が燃料の水素をすべて燃やしつくすと、最後には消えてしまいます。そして残った燃えかすは、燃焼熱によって支えられることがなくなり、自分自身の重みでつぶれて崩壊し、しまいには時空をいちじるしくゆがめるため、そこに生じた文字通りの穴に沈みこんでしまいます。これが有名なブラックホールです。私が大学で学んでいたころは、それは神秘的な理論による予言でしかなく、現実にはありえないと考えられていました。ところがいまや、宇宙空間には数百のブラックホールが観測されていて、天文学者によって詳しい研究が進められています。それだけではありません。

宇宙全体は膨張し、拡大しているという予測もそうです。アインシュタイン方程式により、宇宙は静止状態ではいられず、膨張を続けなければならないことが示されました。そして一九三〇年、宇宙の膨張が実際に観測されたのです。

おなじくアインシュタイン方程式は、この膨張が、超高温で超高密度の新しい宇宙の爆発によって引き起こされていることも予言しました。いわゆるビッグバンです。このときもやはり、はじめは誰も信じませんでしたが、やがて真実だということを示す証拠が少しずつ積み重なっていき、いまでは宇宙空間には宇宙マイクロ波背景放射というものがあることもわかっています。これは、宇宙の最初の爆発のときの熱が残り、拡散した光の波のことです。またしても、アインシュタイン方程式の予言は正しかったことが証明されたのです。

ほかにもあります。アインシュタイン方程式は、空間が海面のように波立っていると予言していましたが、「重力波」と呼ばれるこの波の影響が、宇宙空間における連星で実際に検出されただけでなく、一般相対性理論によって予測された値と、誤差一〇〇〇億分の一という驚くほどの精度で一致していることが明らかになったのです。

つまり、アインシュタインの理論によって、宇宙は爆発とともに誕生し、空間は出口のない穴に沈みこみ、時間は惑星に近づくほどゆっくりと流れ、果てしなくひろがる星間空間は海面のように波立っているという、驚きに満ちた世界のようすが記述されたのです。

私が大学の夏休みにカラブリアの海岸で読んでいた、ネズミにかじられた跡のある本から、しだいに浮かびあがってくるこうしたすべてのことは、熱に浮かされた人の夢物語でも、カラブリアの灼熱の太陽を浴びてきらめく海の上に浮かんだ蜃気楼《しんきろう》でもなく、現実だったわけです。

私たちはふだんぼんやりとしか世界を見ていませんが、そのまなざしから少しだけ曇りがとれたといえばいいでしょうか。そこに見える現実は、夢とおなじ素材からつくられているように見えながら、私たちがふだん見ているぼんやりとした夢とちがって、現実的なものなのです。

こうしたすべてのことが、「空間と場はおなじものである」という基礎的なひらめきと、シンプルな方程式によってもたらされた成果というわけです。読者の皆さんのなかには解読できない方も大勢いらっしゃると思いますが、どれほどシンプルな方程式なのかをお伝えするために、ここに記しておきたいと思います。

$$R_{ab}-\frac{1}{2}Rg_{ab}=\kappa T_{ab}$$

たったこれだけのことです。もちろん、リーマン幾何学を理解し、この方程式が読みとれるだけのテクニックを身につけるためには、それなりに勉強しなければなりません。多少の熱意や努力も必要でしょう。ですが、それはベートーヴェンの後期弦楽四重奏曲の稀有《けう》な美しさを本当の意味で感じとるために必要な努力に比べれば、小さなものといえるでしょう。なにより大切なのは、いずれの場合も、美しいものが理解できるだけでなく、世界に対する新しい視野がひらけるのです。

第2回講義

量子という信じられない世界

第1回講義でとりあげた一般相対性理論と、これからお話しする量子力学は、二十世紀の物理学における二本の柱といえる理論なのですが、まったく異なった性質をもっています。

どちらの理論も、自然界の巧みな構造は、私たちの目に映るよりもはるかに微細にできていることを教えてくれます。しかし、一般相対性理論は、アルベルト・アインシュタインという一人の天才によってつくりだされた揺るぎない至宝のようなもので、重力と空間と時間についての、シンプルで一貫性のある見方といえるでしょう。一方の量子力学（「量子論」とも呼ばれています）は、それとは異なります。たしかに実験ではほかに匹敵するものはないというくらいの成功をおさめ、次から次へと応用されて、私たちの日常生活を大きく変えてきました。私がいまこの原稿を書いているコンピューターなどは、そのほんの一例です。ですが、登場してから一世紀が経過するというのに、いまだに不可解で謎めいたにおいに包まれています。

光は粒でできている

量子論の誕生はちょうど一九〇〇年とされていて、思想の時代といわれる二十世紀の幕開けと一致しています。ドイツの物理学者、マックス・プランクが、熱した箱の内部で安定した平衡《へいこう》状態にある光を計測しました。その際に、プランクはちょっとした工夫をしました。場のエネルギーが、「量子《クオンタム》」、つまり小さなエネルギーの固まりとなって分散していると仮定したのです。そうすることによって、計測した値と完璧に一致する結果が得られ、その考え方はなんらかの形で正しいことが明らかになったのですが、従来の考えとは明らかに矛盾するものでした。当時は、エネルギーはなめらかに変化すると考えられており、レンガのような固まりとしてとらえなければいけない理由がわからなかったのです。

プランクにとって、エネルギーを、まるでいくつもの包みに入っているかのように固まりとして扱うことは、計算をしやすくするための工夫にすぎず、なぜそうすると効果的なのかという理由までは本人も理解していませんでした。それから五年後、アインシュタインが、「エネルギーの固まり」が実際に存在することをつきとめたのです。

アインシュタインは、光が粒でできていることを示しました。現在ではこれは、「光子《こうし》」と呼ばれています。「光量子仮説」という論文の前書きに、彼は次のように記しています。

「私が思うに、光ルミネセンスや、紫外線による陰極線の生成、箱の内部から発生する電磁放射線など、光の生成と変換にかかわる現象の観測結果は、光のエネルギーが空間内に不連続に散らばっていると考えたほうが理解しやすいのではないだろうか。ここでは、光線のエネルギーが、空間のなかに連続的に配分されているのではなく、空間のなかにとびとびに存在する有限個の《エネルギー量子》を構成し、それ以上分かれることなく運動し、それぞれの集まりとして生産されたり吸収されたりしているのではないかという仮説について考察する」。

このシンプルで明瞭な数行こそが、まさに量子論の誕生を告げる宣言でした。「私が思うに」で始まる素晴らしいこの文章は、ダーウィンが、種《しゅ》は進化するというう偉大なアイディアをノートに記したときに用いた、「私は考える」という出だしや、ファラデーが、その著作のなかで電場という革新的な概念を導入する際に用いた「ためらい」という言葉を思い起こさせます。天才とは、とかく思い悩むものなのです。

このアインシュタインの論文は当初、物理学者たちからは、偉大な才能をもった若者が、その若さゆえに行き着いた愚論だとみなされました。ところが、ほかでもなくこの研究によって、アインシュタインはノーベル物理学賞を受賞することになるのです。プランクが量子論の産みの親だとしたら、アインシュタインは育ての親といえるでしょう。

しかし、子どもが必ずいつか巣立っていくように、この理論もまた独り立ちし、アインシュタインは距離をおくようになりました。

一九一〇年代から二〇年代にかけて、量子論の発展の中心的な役割をになったのは、デンマークの理論物理学者、ニールス・ボーアでした。彼は、原子の内部における電子のエネルギーもまた、光のエネルギーと同様に量子化された値しかもちえないことを突きとめました。つまり電子は、原子の軌道上を一点から別の一点へと、エネルギー量とともに跳ぶことがわかったのです。跳ぶ際に、光子をひとつ放出するか、または吸収します。これが、「量子跳躍」として知られている現象です。ボーアは、コペンハーゲンにある理論物理学研究所〔ニールス・ボーア研究所〕に、当時トップクラスの才能を誇っていた若い研究者を集め、こうしたミクロの世界に見られる奇妙なふるまいになんらかの秩序を見いだし、一貫性のある理論を導き出そうとします。

そうして一九二五年、ようやく量子論の基礎となる方程式が考え出され、それまでのニュートン力学にとってかわるものとなりました。それ以上の成功はないといえるほどの快挙でした。いきなりすべてのつじつまが合い、なんでも計算できるようになったのです。

ひとつ例を挙げておきましょう。化学の授業で習ったメンデレーエフの元素の周期表を憶えているでしょうか。水素からウランまで、この世界を構成するすべての基本物質を表にしたものです。よく学校の教室に貼られていましたね。元素というのは、なぜ周期表にリストアップされたものしかないのでしょうか、そして周期表はなぜそのような構造と周期をもち、個々の元素はそれぞれの特性を示すのでしょうか。それは、それぞれの元素が量子力学の基礎となる方程式の解《かい》となっているからなのです。この唯一の方程式から、化学全体が浮かびあがってきます。

ハイゼンベルクの目まいがする電子論

量子論の方程式を最初に導きだしたのは、ドイツの若き天才、ヴェルナー・ハイゼンベルクでした。その際、彼がよりどころとしたのは、頭がくらくらするようなアイディアでした。

ハイゼンベルクは、電子というものは、つねにそこに存在しているわけではないと考えました。電子は、誰かが見ているときにだけ存在する、つまり、何か別のものと相互に作用し合うときにだけ存在すると考えたのです。何か別のものとぶつかるときにだけ、ある場所に、計算可能な確率で、物質としてあらわれるというわけです。ひとつの軌道から別の軌道へと移る「量子跳躍」は、電子にとって唯一の現実に存在する方法なのです。

つまり、電子というのは、ひとつの状態から別の状態への跳躍という、相互作用の集合体ということができるでしょう。電子は、誰ともかかわり合いをもたないときには、決まった場所にあるわけではありません。場所を占めてはいないのです。

それはまるで、神様が現実世界を設計するにあたって、黒々とした明瞭な線を引かずに、薄い点線を用いたようなものです。

量子論的な考え方からすると、どんな物質も、何かほかのものとぶつからないかぎり、決まった場所を占めることはありません。ひとつの状態から別の状態に跳んでいる最中の電子を記述するためには、抽象的な数学の関数が用いられますが、これは現実の空間ではなく、数学という抽象的な空間のものなのです。

それだけではありません。一つの状態から別の状態へと移る物質のこうした跳躍は、予測可能な形であらわれるのではなく、偶然に起こるものです。電子が次にどこにあらわれるのかを予測することは不可能で、私たちには、そこやここに

あらわれる確率を計算することしかできません。これまで、きっちりと定められた、ほかに解釈の余地がなく、例外も存在しない法則にあらゆるものが支配されていると考えられていた物理の世界の中心に、「確率」という概念が登場したわけです。

ありえない話のように思われるかもしれません。アインシュタインでさえ、ありえないと考えたのですから当然でしょう。彼は、ハイゼンベルクを、世界の根本にかかわることを発見したとしてノーベル物理学賞の候補に推薦する一方で、機会があるたびに、そんな説明ではさっぱりわからないと異議を唱えるのでした。

ニールス・ボーア研究所の血気盛んな若手研究者たちは、愕然としました。ほかでもなくアインシュタインからそのような反論を受けるとは思ってもいなかったからです。自分たちにとって心の師であり、誰にも想像できないことを考え出す勇気に満ちあふれたアインシュタインが、あとずさりし、この未知の世界に飛び込むことを躊躇するなんて……。しかも、発見のきっかけをつくったのは、アインシュタイン自身なのです。時間は普遍ではなく、空間はゆがんでいるのだと教えてくれたあのアインシュタインが、いまになって世界がそんなに奇妙なはずはないと言い出すだなんて、どうしても納得がいきませんでした。

ニールス・ボーアは忍耐強く、アインシュタインに新しい理論を説明しますが、アインシュタインは反論を続けます。ボーアの主張する理論に矛盾があることを証明するために、頭のなかで思考実験をおこないました。

「光で満たされた箱がひとつあると想像しましょう。そして、そこから、ひとつの光の粒が瞬間的に外に飛び出すとします……」

ボーアに反論するためにアインシュタインが用意した例のひとつが、こんな言葉で始まる「光の箱」の思考実験でした。論争のたびに、ボーアは最後にはアインシュタインの指摘に対する答えを見つけ出し、反論を退けるのでした。二人のあいだの論争は、会議や手紙、そして論文など、さまざまに場を移しながら、何年ものあいだ続きました。

こうして互いに意見を交わしながら、二人の天才物理学者は、それぞれ後戻りしたり、考えを改めたりすることもありました。アインシュタインは、新しい理論には矛盾点がないことを認めなければなりませんでしたし、一方のボーアも、ものごとは当初考えていたほどシンプルで明快ではないことを認めなければなりませんでした。アインシュタインは、彼からしてみれば問題の核心といえる点については、ゆずろうとしませんでした。要するに、誰と誰が相互に作用しようとも、それとはかかわりなく客観的な現実が存在するというものです。対するボーアは、新しい論理によって概念化された、これまでとはまったく異なる新たな現実のとらえ方が有効であるという点については、一歩も引こうとはしませんでした。

最終的にアインシュタインは、ボーアの理論が、世界のあり方を理解するうえで偉大なる一歩であることを受け入れますが、ものごとがこれほど奇妙であるわけがなく、その陰には、より理論的な説明があるはずだという確信は変わりませんでした。

それから一世紀が経過したいまでも、状況はあまり変化していません。量子力学の方程式とその成果は、さまざまな分野で、物理学者やエンジニア、化学者や生物学者によって利用されています。あらゆる現代技術において、たいへん有用なものなのです。量子力学がなければトランジスタは存在しなかったでしょう。それでも、いまだに謎めいたままです。というのも、ひとつの物理系に起こることを記述したものではなく、ひとつの物理系が、別の物理系によってどのようにとらえられるかだけを記述したものだからです。

つまり、どういうことなのでしょうか。ひとつの物理系における本質的な現実は、描写が不可能だということでしょうか。それとも、物語の一部が欠けているということなのでしょうか。あるいは、現実というものは相互作用でしかないという考え方を受け入れなければならないのでしょうか。私は、後者だと考えています。

私たちの知識はどんどん進化しています。それにより、以前ならば想像すらしなかったことができるようになりました。けれども、知識が深まれば深まるほど、新たな疑問や新たな謎が生まれます。実験室内で量子力学の方程式に向き合っている研究者は、たいてい問題視しませんが、物理学や哲学についての論文や学会では、誕生から一世紀を経た現在もなお、「量子論」とは果たしてなんだろうと問い続けているのです。その傾向はむしろ、近年ますます顕著にみられます。量子論は、現実という本質の奥深くへと飛び込むための素晴らしい手段なのでしょうか。それとも、たまたま機能しているだけの幻影なのでしょうか。未完成のパズルのピース？　または、私たちがまだきちんと飲み込めていない、世界の構造についての奥深いヒントなのでしょうか。

アインシュタインが亡くなったとき、偉大なライバルだったボーアは、アインシュタインをほめたたえる感動的な言葉を残しました。それから何年かしてボーアが亡くなると、研究室の黒板に書かれていた図が写真に残されました。アインシュタインによる思考実験の、「光の箱」を描いた図です。ボーアは、最期の瞬間まで、アインシュタインと討論をし、理解を深めたいと思っていたことがうかがえます。最後の最後まで、疑問と向き合っていたにちがいありません。

第3回講義　塗りかえられる宇宙の構造

二十世紀のはじめ、アインシュタインは相対性理論によって空間と時間の関係を記述し、ボーアは仲間の若い研究者たちと一緒に、量子論的に見た物質の奇妙な性質を解く方程式を導きました。二十世紀の後半になると、物理学者たちはこれら二つの新しい理論を、自然現象のより広い領域へと応用しながら、さらに発展させていきます。その対象は、宇宙の構造という究極のマクロの世界から、素粒子という究極のミクロの世界まで、両極端な世界へと向けられました。この講義では宇宙の構造についてとりあげ、次の講義では素粒子について見ていこうと思います。

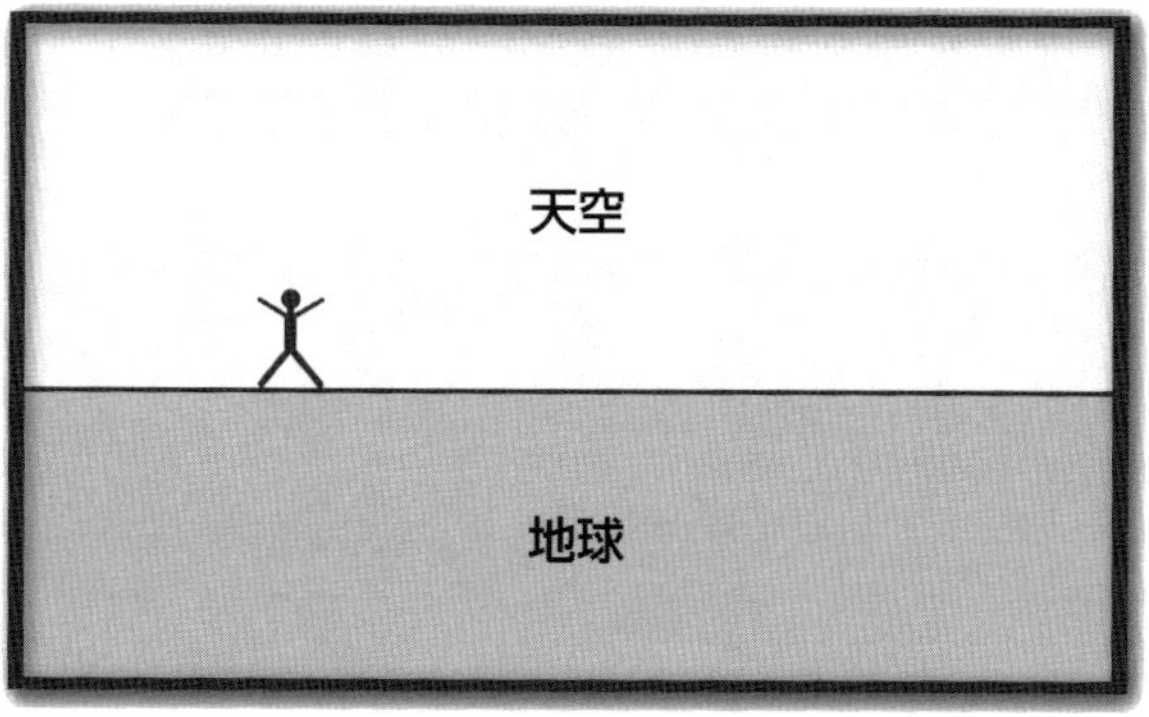

宇宙観の歴史

ここでは、単純化した図を中心に話を進めていきます。なぜかというと、科学とは、実験や計測、数学や厳格な推論といったものである以前に、まず見方なのです。科学というものは、何よりも視覚的な行為といえます。科学的な思考は、それまで一般的に見られていたのとは異なる、新しい方法でものごとを「見る」ことのできる能力によって育まれます。

そこで図を示しながら、こうした見方がどのように変化してきたのかを実際にたどってみることにしましょう。

上の図が最初のイメージです。

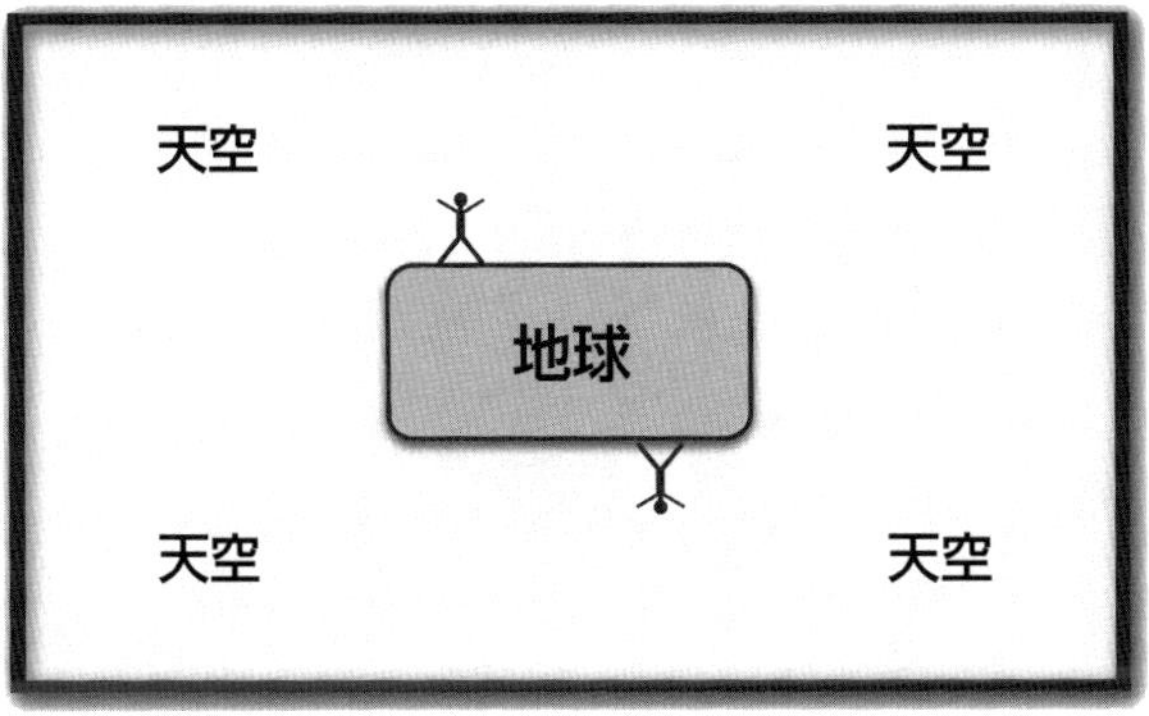

ご覧のとおり、何千年ものあいだ、人々が宇宙をどのようにとらえてきたかを示したもので、下には地球があり、上には天空があります。科学において最初の偉大な革新をもたらしたのは、二六〇〇年ほど前の古代ギリシアの哲学者、アナクシマンドロスでした。彼は、太陽や月や星が私たちのまわりをどのようにまわっているのかを考えたうえで、先ほどの宇宙のイメージを、上の図のようなものに置きかえました。

この図によると、天空は地球の上だけでなく、地球のまわりをぐるりととり囲んでいます。地球は、宇宙に浮いたまま落ちることのない、大きな石のようなも

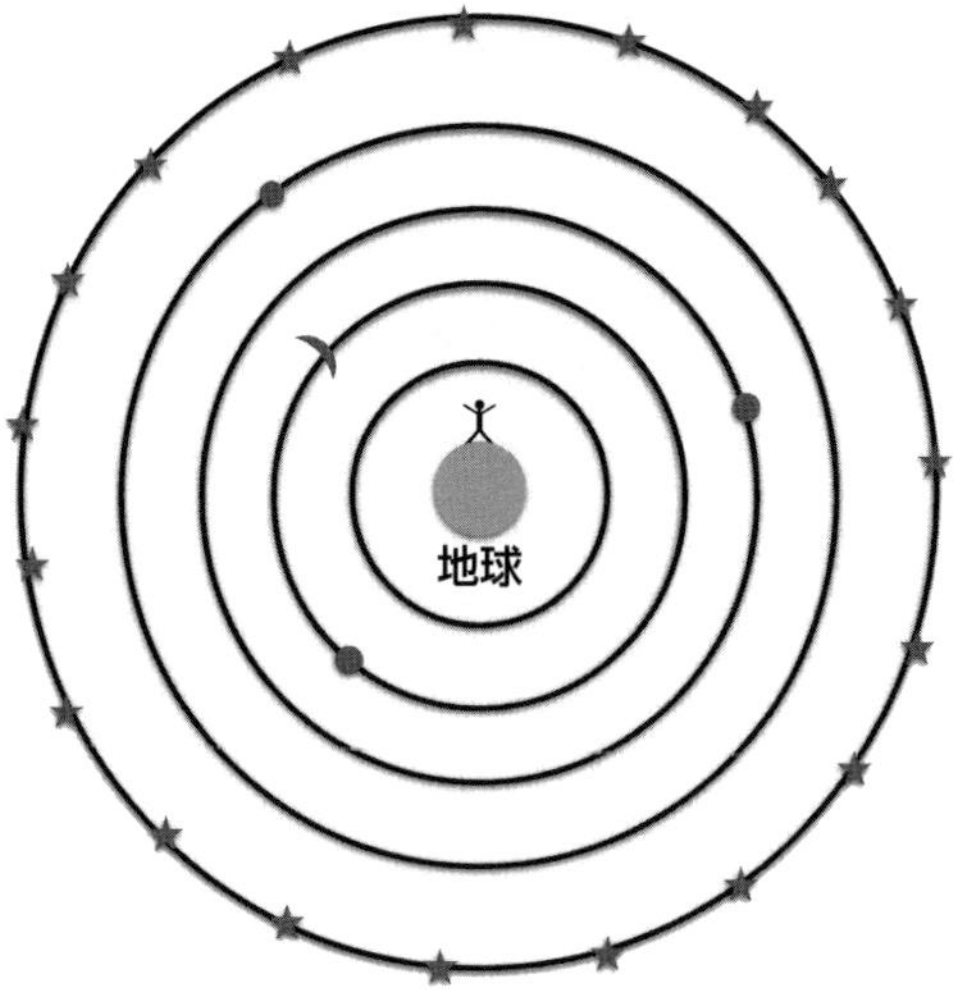

のととらえられていたようです。

その後、誰だかはっきりとはわかりませんが（おそらくパルメニデスか、あるいはピタゴラスでしょう）、こんなふうに宇宙に浮いている地球にとって、もっとも合理的な形は球体だと考えました。球体ならば、どの方向も等距離となるからです。アリストテレスは、地球だけでなく、地球のまわりにある空も球体であり、そのなかをほかの天体が回転していると説き、説得

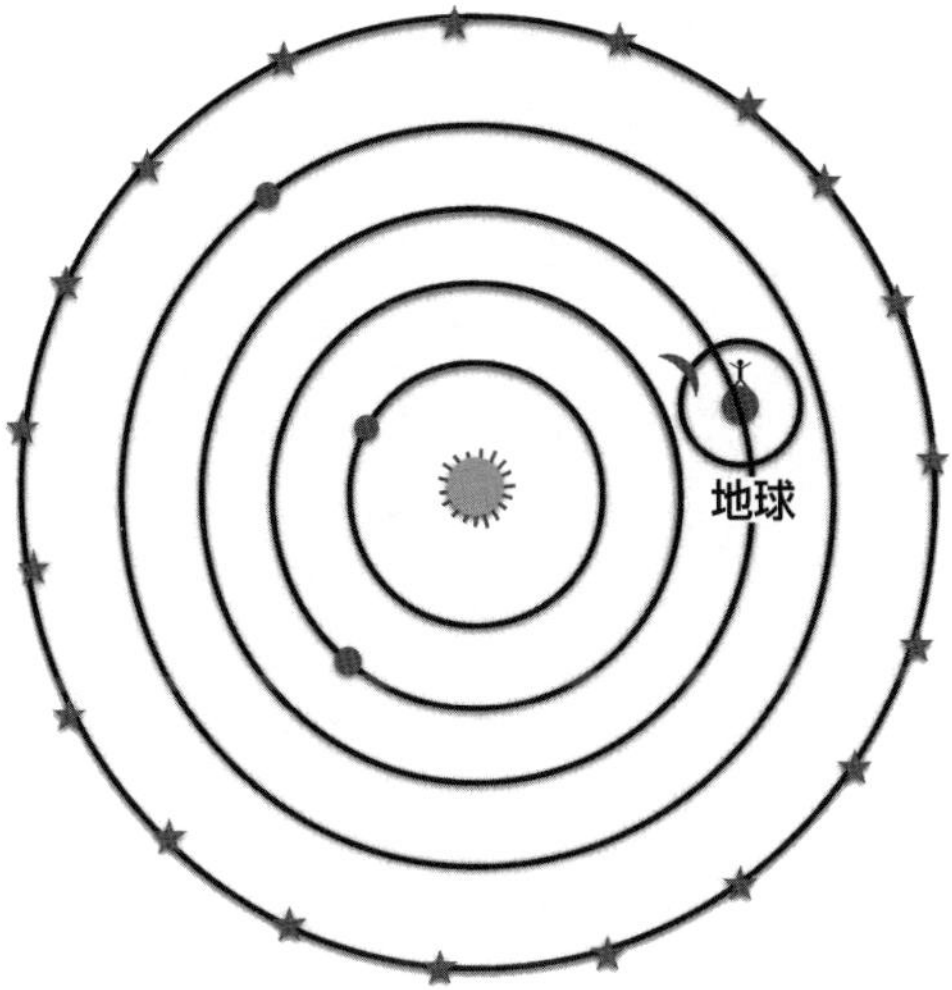

力のある科学的な論考を著します。その結果、宇宙についての想像図は右上のようなものになりました。

これは、アリストテレスの著作、『天体論』に描かれている宇宙の図です。このような世界のイメージが、地中海文明にみられる特徴として、中世の終わりまで続くことになります。のちに『神曲』を書いたイタリアの詩人、ダンテ・アリギエーリが学校で学んだのも、同様な世界のイメージでした。

その次の大きな変革は、ポーランド出身の天文学者、コペルニクスによってもたらされました。彼は、科学革命と呼ばれるほどの新しい概念を提示します。図にすると前ページ上のようになり、コペルニクスの考えた世界は、アリストテレスの考えた世界とあまり変わらないように見えます。

ところが、その考え方には根本的な違いがありました。コペルニクスは、私たちの住む地球が惑星の回転の中心なのではなく、太陽が中心となっていると唱えました。古代世界にも地球が動いていると考えた人々はいましたが、そうした説を復活させたわけです。こうして、地球はほかの惑星とおなじ惑星のひとつであり、ものすごい速さで自転しながら、太陽のまわりを公転していることがわかってきました。

その後も、私たちの「知」はとどまることなく発展を続けました。やがて、観測機器の改良が重ねられ、太陽系とおなじような惑星系がほかにもたくさんあることがわかってきましたし、太陽もまた、ほかにいくつもある恒星のひとつにすぎないこともわかってきました。それは銀河系という、およそ一〇〇〇億個もの星からなる広大な星雲のなかの、無数の粒のひとつなのです（左上図）。

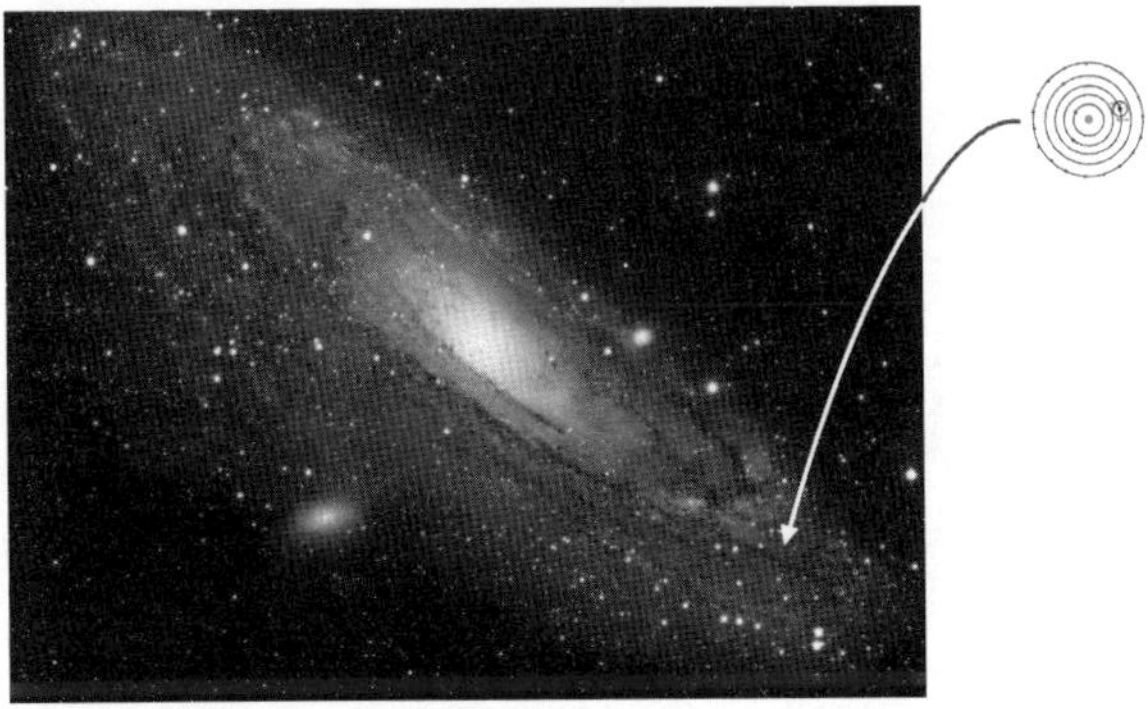

宇宙の新しい発見

さらに、一九三〇年頃、星々のあいだにある白っぽい雲のように見える星雲を、天文学者たちが詳しく観測したところ、私たちの住む銀河系もまた、いくつもの銀河が存在する巨大な雲のなかの、埃《ほこり》の粒のような存在でしかないことがわかってきました。数千億もの銀河が、もっとも高性能な望遠鏡でやっと見ることのできるところまで、見わたすかぎりひろがっているのです。こうして、世界のイメージは、どこまでも続く均質な広がりとなりました。

次ページ上に示すのは、図ではなく、ハッブル宇宙望遠鏡によって撮影された一枚

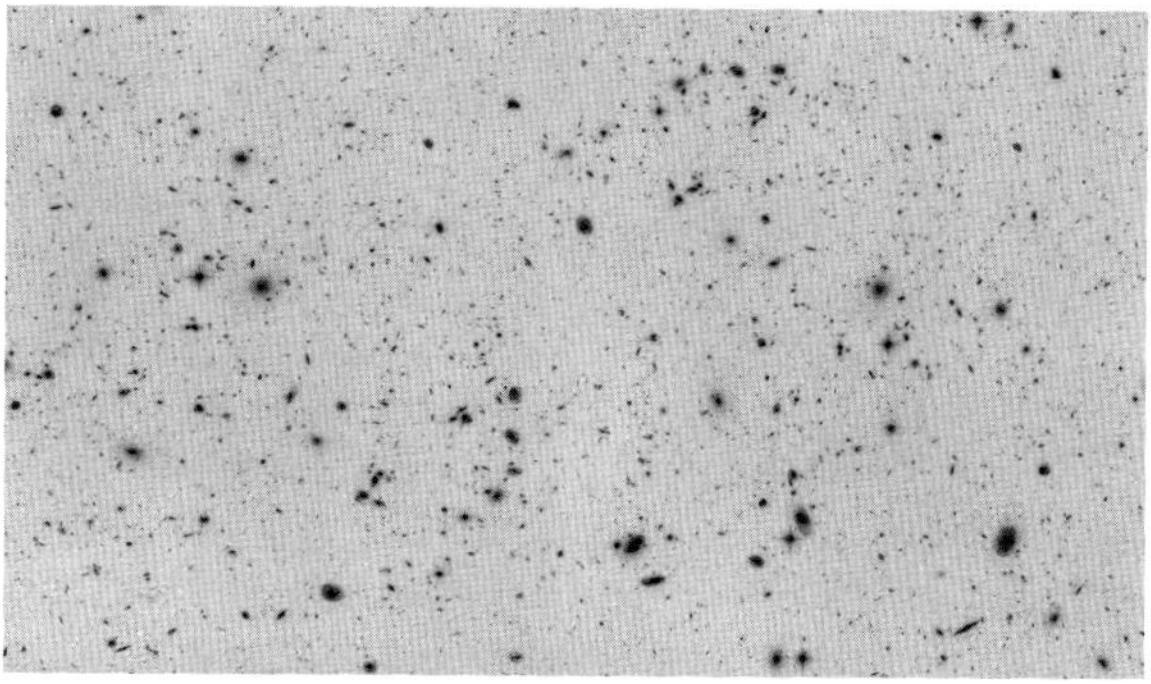

の写真です。現代の技術で可能なもっとも高性能な望遠鏡を用いて、宇宙をもっとも奥深くまでとらえたようすです。肉眼で見たならば、黒く見える空の、ものすごく小さな一部にすぎませんが、望遠鏡でのぞくと、遠く離れた場所にある銀河がいくつもあらわれます。この写真の黒い点の一つひとつが、私たちの太陽とおなじような恒星がおよそ一〇〇〇億個も存在する銀河なのです。最近では、こうした恒星の大半は、その周囲をまわる惑星をもっていることがわかってきました。つまり、宇宙には地球のような惑星が無数に存在することになります。宇宙のどの方角を見ようと、こうした光景がひろがっているのです。

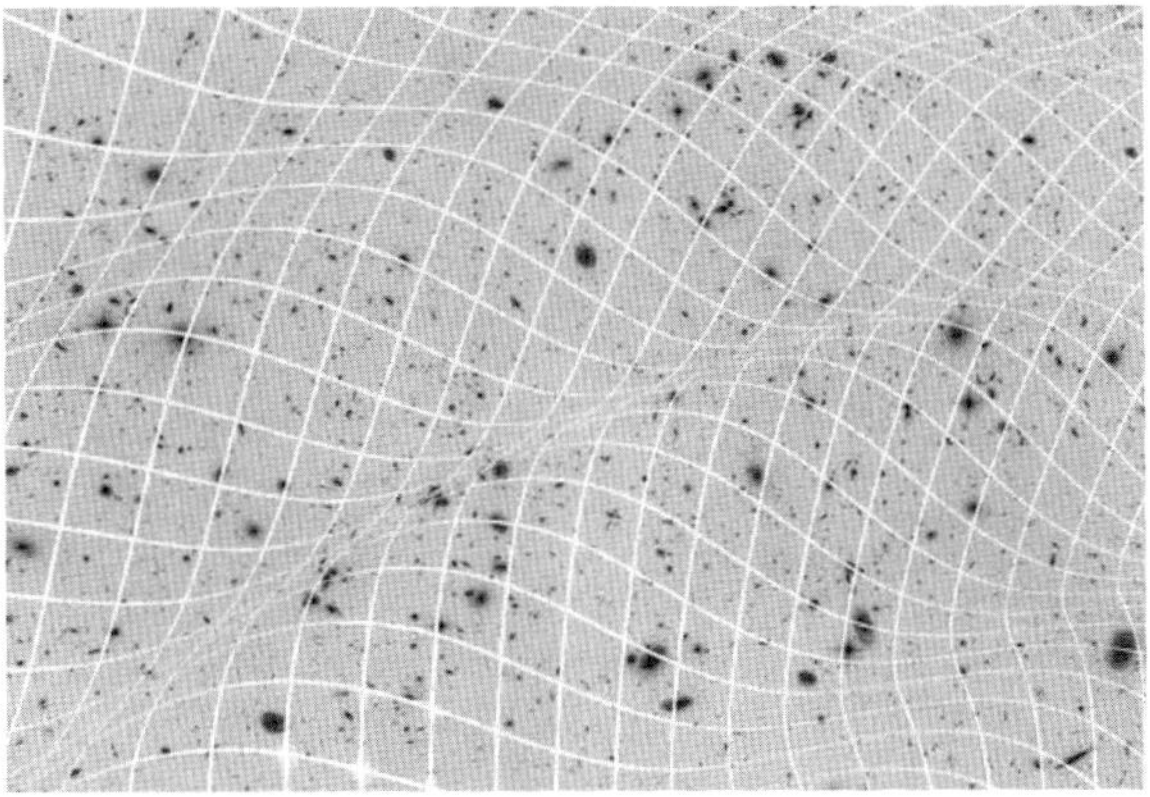

とはいえ、このような際限なく続く均質な光景は、見かけ上のものにすぎません。第1回講義で説明したとおり、宇宙空間は平らではなく、ゆがんでいます。銀河が点在している宇宙の構造自体が、海の波とおなじような波に揺られていると想像する必要があります。場合によっては、そのゆがみがあまりに大きいため、ブラックホールという穴が生じるほどです。こうした波によってゆがみの生じた宇宙のイメージを図にすると、上のようになります。

伸縮し、銀河が無数に点在するこの広大な宇宙は、超高温、超高密度の小さな雲のようなものとして誕生し、お

よそ一五〇億年ものあいだ膨張を続けていることが、最近ではわかってきました。
そうしたイメージを図であらわすためには、現在の宇宙のようすを描くだけではなく、宇宙の歴史全体を図であらわさなければなりません。おおまかに描くと、上のようなものになるでしょうか。
誕生したばかりは小さな球だった宇宙は、現在のような文字通り「天文学的な」大きさにまで成長しました。これが、現代の私たちが知っている、果てしなく大きな宇宙のイメージなのです。
この先にもまだ何かあるのでしょうか。または、それ以前にも何か存在していたのでしょうか。いずれの可能性も否定はできません。それについては、第5回講義でお話ししましょう。この宇宙に似た宇宙が、あるいはまったく異なる別の宇宙があるのでしょうか？　それは、私たちにはまだわからないのです。

第4回講義　落ち着きがない粒子

第3回講義でお話ししたような宇宙空間を、光やさまざまな物質が動きまわっています。光は、光子からできています。光の粒子にあたるこの光子の存在を最初に予言したのは、アインシュタインでした。

私たちが目にしているものは、原子によってつくられています。個々の原子の中心には原子核があって、その周囲をいくつかの電子がまわっています。さらに原子核は、互いにしっかりと結合している陽子と中性子からなっています。その陽子と中性子もまた、もっと小さな粒子からできていることが明らかになりました。

この粒子を、アメリカの物理学者マレー・ゲルマンは、「クォーク」と名づけました。これは、ジェイムズ・ジョイスの小説、『フィネガンズ・ウェイク』の一節からとった名前で、作品のなかに、「マーク大将のために三回クォークと鳴け！」というフレーズがあることにちなんだものです。つまり、私たちが触れるすべてのものは、電子と、この「クォーク」からできているわけです。

波立ち揺らぐ素粒子

陽子と中性子の内部でこれらのクォークどうしを結びつけている力は、「グルーオン」と呼ばれる素粒子から生じるものです。ユーモアのセンスに欠けている物理学者たちは、「接着剤」を意味する英語「グルー」から、このような名前をつけましたが、「糊粒子《のりりゅうし》」と呼ばれることもあります。

私たちをとりまく空間内を動きまわっているものすべては、電子、クォーク、光子、グルーオンといった「素粒子」で構成されています。これらを研究するのが、素粒子物理学と呼ばれる学問です。そのほかには、たとえばニュートリノや、ヒッグス粒子といった素粒子の存在がわかっています。ニュートリノは宇宙にたくさん浮遊していますが、私たちとかかわることはほとんどありません。一方のヒッグス粒子は、最近、スイスのジュネーヴ郊外にある欧州原子核研究機構（CERN）の巨大な実験施設で、その存在が確認されたばかりです。

素粒子の種類はそれほど多くなく、十数種類しかありません。これらの基本となる構成要素が、まるで巨大なレゴブロックのピースのように組み合わさりながら、私たちの世界に存在するすべての物質を形づくっているのです。

こうした素粒子のふるまいや性質は、量子力学によって記述されています。つまり、いずれも石のようなものではなく、電磁場の量子が光子であるのとおなじように、それぞれの場に相当する量子だと考えられます。ファラデーやマクスウェルの「場」によく似た、動く層の素励起《それいき》なのです。つまり、そこにはかすかな波動が起こり、そうした波動が、存在はけっして持続的なものではなく、ひとつの相互作用から別の相互作用へと跳んでいるにすぎないという量子論の奇妙な法則にしたがって、消えたり、ふたたびあらわれたりしているわけです。

原子がひとつも存在しない、空《から》の空間を観察しても、こうした細かな素粒子が無数に揺れています。まったく何もない、完全な真空状態はありません。たとえ

穏やかに見える海でも、近くでよく観察してみると、ゆるやかに波立ち、揺れているのとおなじように、この世界を形成している「場」も、小さく波打っています。そして、世界を構成する基礎となる粒子が、こうした波動によって次から次へと生じたり壊れたりしながら、短くてはかない寿命を生きているのです。

これが、量子力学と素粒子論にもとづいて記述された世界の姿です。ニュートン力学やラプラスの「天体力学」では、いくつもの冷たくて小さな石が、正確な軌道に沿って、不変の幾何学的な宇宙空間内を永遠にまわっていると考えられていましたが、いまではそうした世界観からは大きくかけ離れているのです。量子力学と素粒子実験によって、この世界は、物質が不安定な状態でつねに揺らいでいることがわかってきました。はかない実体があらわれたり、消えたりということを繰り返しているわけです。たとえるならば、一九六〇年代のヒッピーのムーブメントのように、いくつものうねりが合わさったものなのです。つまり、物質からなる世界ではなく、いくつもの出来事からなる世界ということができるでしょう。

優雅ではない標準モデルと暗黒物質

素粒子理論の詳細な部分は、一九五〇年代から七〇年代にかけて、こつこつと築きあげられてきました。ファインマンやゲルマンをはじめとする二十世紀の天才物理学者たちが貢献してきましたが、そのなかには少なからぬ数のイタリア人も含まれています。それらをまとめたものが、量子論を基礎とする複雑に入り組んだ理論で、「素粒子の標準モデル」という、あまりわかりやすいとはいえない名称で呼ばれています。七〇年代に完成したこの「標準モデル」は、いくつもの検証実験によって証明され、予言がことごとく正しかったことが裏づけられました。初期のものとしては、一九八四年にノーベル物理学賞を受賞したイタリアの物理学者、カルロ・ルッビアによる観測があげられます。また、最新のものとしては、二〇一三年のヒッグス粒子の発見があげられるでしょう。

ところが、いくつもの検証実験で成功を重ねながらも、この「標準モデル」は、物理学者からあまり真剣にとりあげられることはありませんでした。一見したところ、寄せ集めて、つぎはぎした印象を与える理論だからです。いくつもの方程式や断片を、きちんとした秩序もなく一緒くたにしたようなものです。場が、特定の力によって相互に作用し、それぞれが特定の定数によって決定され、特定の対称性を保持するというものなのですが、ではなぜ、そうした場や力や定数でなければいけないのでしょうか。一般相対性理論や、量子力学の軽やかでシンプルな方程式からは大きくかけ離れたものといえるでしょう。

「標準モデル」の方程式が世界のあり方を予言する方法も、不合理なほどに難解です。これらの方程式を直接あてはめると、ありえない予言しかもたらさず、計算によって得られる解《かい》は、無限大に大きくなってしまいます。そのため、なんらかの意味のある結論を得るためには補助的な変数であるパラメーターを無限大に大きくすることによって相殺《そうさい》し、理屈に合った結論を導くようにしなければなりません。このような難解でいびつな手順のことを、専門的には「くり込み」と呼びます。実践ではたしかに有効ですが、自然というものはシンプルにできているはずだと考える人たちにとっては、苦い後味が残ります。

イギリスの物理学者ポール・ディラックは、アインシュタインに次ぐ二十世紀の最大の科学者と評され、量子力学に大きな貢献をする一方で、この「標準モデル」における最初の主要な方程式を考案しました。しかし、どんな原理でも数式にしたときに美しくなければならないと考えていたディラックは、こうした現状に対する不満を繰り返しあらわにし、「問題はまだ解決されていない」と述べたそうです。

そのほかにも、「標準モデル」には、明らかな欠陥があります。銀河の外側には、銀河全体を包み込むようなかたちで、星間物質などが分布している「ハロ」と呼ばれる領域があることが、天文学者らの観測によってわかっています。その存在によって、そこには重力が働いていて、天体が引きつけられ、光を逸《そ》らして

いることが明らかになります。ところが、重力の影響がうかがえるこの巨大な「ハロ」を直接見ることはできず、何でできているのかもわからないのです。さまざまな仮説が検証されましたが、有効だと思われるものはひとつもありませんでした。そこに何かがあるのは確かなのですが、それが何かはわからないのです。
　この「何か」は、現在では「暗黒物質」と呼ば

れていて、「標準モデル」では記述されていないものだと考えられます。さもなければ観測できるはずですから。つまりは、原子でもニュートリノでも光子でもない、何かだというわけです。

宇宙や地球には、私たちの哲学や物理学で想像できることをはるかに超えるものがあるという事実は、驚異的だと思いませんか？　考えてみれば、電波やニュートリノの存在がわかってきたのも比較的最近のことで、それ以前は、宇宙にたくさんあるにもかかわらず、そのようなものが存在するとは誰も思っていませんでした。

いずれにしても、「標準モデル」が、現時点で物質の世界についてわかっていることを記述した最良の理論であることには変わりなく、予言はどれも実証されてきました。そして、暗黒物質をのぞけば（一般相対性理論によって、時空のゆがみとして記述された重力もそうですが）、私たちが目にしている世界のあらゆる面がそれなりに的確に記述されています。それに代わりうる理論も、提示されはしたものの、検証実験によってくつがえされてきました。

たとえば、一九七〇年代に、美しい理論が示されたことがありました。「ＳＵ

（5）モデル」と呼ばれる大統一理論で、「標準モデル」の無秩序な方程式を、それなりに美しくてシンプルな理論にとってかえることができると期待されました。この理論では、かなり高い確率で陽子の崩壊が起こり、より軽い粒子に変化すると予言されました。そのため、陽子の崩壊を観測するために、巨大な装置がつくられました（崩壊には非常に長い時間がかかるため、一度にひとつの陽子を観測するのではなく、何トンもの水を入れ、その周囲に、陽子の崩壊によって生じる物質を検出できる敏感なセンサーを設置したのです）。イタリア人を含む大勢の物理学者が、陽子の崩壊するようすを観測しようと必死に実験を続けたものの、残念ながら、崩壊した陽子は見つかっていません。SU（5）モデルはたしかに優雅な理論ではありますが、自然界のありようが反映されたものとはいえなかったのです。

現在では、「超対称性理論」と呼ばれる一群の理論に対して、同様の検証実験がおこなわれています。これは、知られている粒子とは異なるタイプの素粒子が存在していることを予言したものです。これまでずっと、物理学にたずさわってきた私は、同僚たちが、この超対称性粒子は明日にでも見つかるだろうと、大いなる確信をもって語るのを耳にしてきました。それから歳月が過ぎ、数年、数十年と経ちましたが、いまのところ、そうした粒子は見つかっていません。物理学というものは、必ずしも成功の歴史とはかぎらないのです。

いまだに「標準モデル」を超える理論は確立されていません。「標準モデル」は、たしかに優雅とはいえませんが、私たちをとりまく世界が説明されています。もしかすると優雅でないのは「標準モデル」ではなく、私たちのほうなのかもしれません。私たちが、そこに隠されたシンプルさを理解できるほど、正しい見方を身につけていないだけなのかもしれないのです。

いまのところ、物質について解き明かされているのはここまでです。十数種類の素粒子が、そこに存在する状態と存在しない状態のあいだでつねに揺らいでいます。そして、そこに何もないように見えるときでも、空間をただよい、まるで宇宙のアルファベットのように互いに組み合わさりながら、銀河や無数の星たち、宇宙線や太陽光、山や森や小麦畑、パーティで浮かべる若者たちの笑顔、星がまたたく夜空まで、じつに広大な物語をつむぎ出しているのです。

第5回講義　粒でできている宇宙

謎めいていて、優雅さに欠ける部分もあれば、いまだに解明できていない問題もあるものの、これまでお話ししてきたような物理の理論によって、私たちをとりまく世界のことが、かつてないほど的確に記述されるようになりました。ですから、私たちはもっと満足してもいいはずなのですが、どうもそうではありません。

というのも、物理の世界についての私たちの知識の中心ともいえる部分に矛盾があるからです。すでにお話ししたとおり、二十世紀には、現代物理の二本の柱である理論が打ち立てられました。一般相対性理論と量子力学です。一般相対性理論をもとにして宇宙論や天体物理学が発展し、重力波やブラックホールをはじめとするさまざまな研究が進みました。一方の量子力学は、原子物理学や核物理学、素粒子物理学や物性物理学といった学問の基盤となってきました。二つの理論はいずれも、私たちの生活スタイルを大きく変えた現代のテクノロジーの基本となり、大きな貢献を果たしてきました。それにもかかわらず、これら二つの理論は互いに矛盾するため、少なくとも現在のままでは、どちらも正しいということはありえないのです。

たとえば、大学生が午前中に一般相対性理論の講義を聴き、午後には量子力学の講義を聴いたとします。すると、これら二つの学問を専門とする教授たちは、頭がおかしいか、あるいはもう百年近くものあいだ、互いに意見を交わしてこなかったのではないかという印象を受けるでしょう。完全に矛盾する二つの世界のイメージを教えているのですから。午前中の授業によると、世界は、なめらかにカーブした連続した空間からなっていますし、午後の授業によると、世界は平坦な空間からなっていて、そこをエネルギー量子が飛び跳ねていることになります。

パラドックスは、これら二つの理論が私たちをとりまく世界をどちらも非常によく記述していることにあります。ある国で、二人の男が争いごとを解決するための助言を求めようと、年老いたユダヤ教の聖職者ラビのところを訪れたという寓話をご存じでしょうか。ラビは、最初の男の言い分を聞きおえると、「お前の言うことは正しい」と言います。すると二番目の男も、負けてたまるかとばかりに話しはじめます。話を聞いたラビは、「お前の言うことも正しい」と答えます。それを別の部屋でこっそりと聞いていたラビの妻は、大声で言いました。「二人とも正しいわけないじゃないの！」それを聞いたラビは、しばらく考えていましたが、やがてうなずいて言ったのです。「たしかに、お前の言うことも正しいよ」。

自然は、私たちを前にして、このラビとおなじようにふるまっているかのようです。

二大理論を統合する理論

世界の各地に、この矛盾をなんとかして解決しようと日々努力している理論物理学者たちがいます。こうした研究分野は「量子重力理論」と呼ばれ、二つの理論の矛盾を解決するための新たな理論や方程式を見つけ出し、一貫性のある世界の見方を探ることを目的としています。

といっても、物理界において大きな成果を挙げた二つの理論に表面的な矛盾が生じるのは、なにもこれが初めてのことではありません。こうした矛盾を統一しようという努力は、これまでもしばしば、世界のしくみを理解するうえで大きな前進につながってきました。

代表的な例を挙げるならば、ニュートンは、ガリレオの発見した「弾道は放物線を描く」という理論と、ケプラーの楕円軌道の法則とを組み合わせて、万有引力の法則を発見しました。またマクスウェルは、電場と磁場の理論を合わせることによって、電磁場のふるまいを記述する方程式を導きました。アインシュタインは、電磁気学と力学の表面的な対立を解決しようとして、相対性理論の発見にいたりました。つまり物理学者というものは、大きな成果を挙げた理論のあいだにこうした対立点を見いだすと、それをまたとないチャンスととらえて、うれしくなるものなのです。

では私たちは、一般相対性理論と量子力学の双方を用いてこれまで発見してきたことを矛盾なく統一できる世界のしくみを考えるための、概念的な構造を築くことができるのでしょうか。

最前線から現在の知のさらに向こうを眺めるとき、科学というものはその美しさを増します。まるで熱せられた溶鉱炉のなかのように、いくつものアイディアや着想が生まれ、新たな試みへとつながっていくのです。そこにはさまざまな歩みがあり、失敗があり、情熱があります。そして、これまで誰も想像さえしなかったことを想像しようという努力があるのです。

二十年前までは濃い霧がたちこめていましたが、最近ではようやくいくつかの足掛かりが垣間見えるようになり、人々の熱狂と期待のまなざしがそそがれています。ただし、現在示されている足掛かりはひとつではなく、問題が解決されたとはいえません。多様な考えがあると食い違いも生じますが、議論すること自体は健全なものといえるでしょう。霧が完全に晴れるまで、批判や反対意見があったほうがいいのです。

この矛盾を解決しようという試みのなかでも、とくに中心的な研究は、「ループ量子重力理論」と呼ばれるものです。これは現在、複数の国の精鋭な研究者たちによって進められている新しい理論で、なかにはイタリア人の優秀な若手研究者（いずれも他国の大学に所属）が少なからず含まれています。

ループ量子重力理論というのは、一般相対性理論と量子力学を統合しようという試みのひとつです。とはいえ、控え目な試みで、この二つの理論以外の仮定を用いることはありません。二つの理論を、矛盾が生じないように書き直したものだけを用いるのです。しかし、それによってこれまでとはがらりと異なる世界が見えてきます。現実世界の構造のとらえ方が、またしても根底からくつがえされるわけです。

発想自体はシンプルなものです。一般相対性理論によって、空間とは、不動の「入れもの」ではなく、なにかしら動的なものだということがわかってきました。いわば、動いている巨大な軟体物のなかに私たちはうずまっているような状態で、それが縮んだり、曲がったりしているのです。一方、量子力学によって、あらゆる場が、例外なく「量子でできている」ことが明らかになりました。つまり、細かな粒子状の構造になっているのです。したがって、物理的空間も「量子でできている」と考えられます。

このループ量子重力理論によるおもな予言は、空間とは、連続的でなめらかなものでも、無限に分割できるものでもなく、「空間の原子」ともいえる粒によってつくられているというものです。この「空間の原子」は非常に小さくて、もっとも小さな原子核の一京《けい》分の一〔京＝一〇〇〇兆×一〇〕くらい小さなものなのです。ループ量子理論によって、このような「空間の原子」が数学的に定義され、その変化を定義する方程式が導かれました。「ループ」、つまり「輪」という名前で呼ばれるのは、その一つひとつが孤立したものではなく、ほかの仲間たちとリング状につながっていて、空間を編んでいる関係性の網の目を構成していると考えられるからです。

では、こうした空間の量子はいったいどこに存在しているのでしょうか。じつはどこにも存在していません。それ自体が空間ですから、どこかの空間のなかにあるというものではないのです。空間は、それぞれの重力の量子の相互作用によってつくり出されています。ここでもまた、世界は物体からできているというよりも、関係性からできているように思われます。

それだけでなく、ループ量子重力理論はさらに極端な結論をもたらします。内側に物質が存在している、なめらかに連続した空間という概念がなくなるだけでなく、物質とは独立して流れている、根源的な「時間」という概念までも消えてしまうのです。空間や物質の粒を記述する方程式には、もはや「時間」という変数は含まれません。

時間が消えるということは、すべてが不動で、不変であることを意味するわけではありません。むしろその逆で、変化が偏在しているということなのです。ところが、その基本的な反応を、一連の連続する瞬間としてならべることができないのです。空間の量子というごくごく小さなスケールで見ると、自然は、単一のテンポからなる、一人のオーケストラの指揮者が振るタクトのリズムにしたがってダンスを踊っているのではなく、個々の反応が独自のリズムを刻みながら、近くのものたちと個別にダンスを踊っているわけです。時間の流れというものは世界の内部にあり、世界そのものの内部から生じます。つまりは、量子的な事象の関係性こそが世界であり、それ自体が時間の源といえるでしょう。

ループ量子重力理論によって記述される世界は、私たちがこれまで親しんできた世界観とは大きくかけ離れたものとなります。そこには、世界の「入れもの」としての空間もなければ、さまざまな事象が起こる時間軸も存在しません。存在

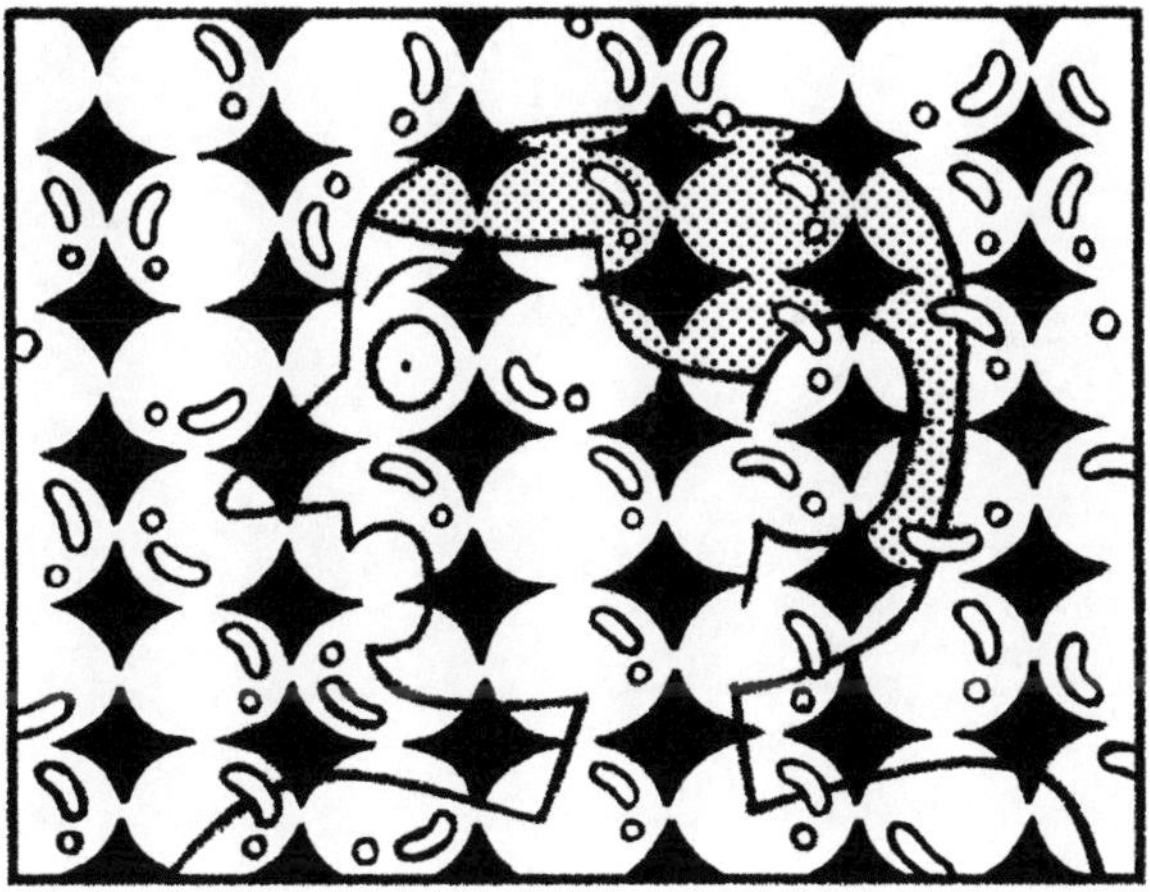

するのは、空間の量子と物質とのあいだの絶え間ない相互作用による基本的な反応だけです。時間や空間が私たちの周囲に連続的に連なっているという幻影は、こうした密に起こっている無数の反応を、ピントのぼけた状態で見ていることによって生じる幻影といえるでしょう。それはちょうど、一見したところ穏やかで澄んでいるように見えるアルプス山中の湖も、実際には無数の微細な水分子の素早い躍動からなっているのと同じことです。

したがって、第3回講義の57ペ

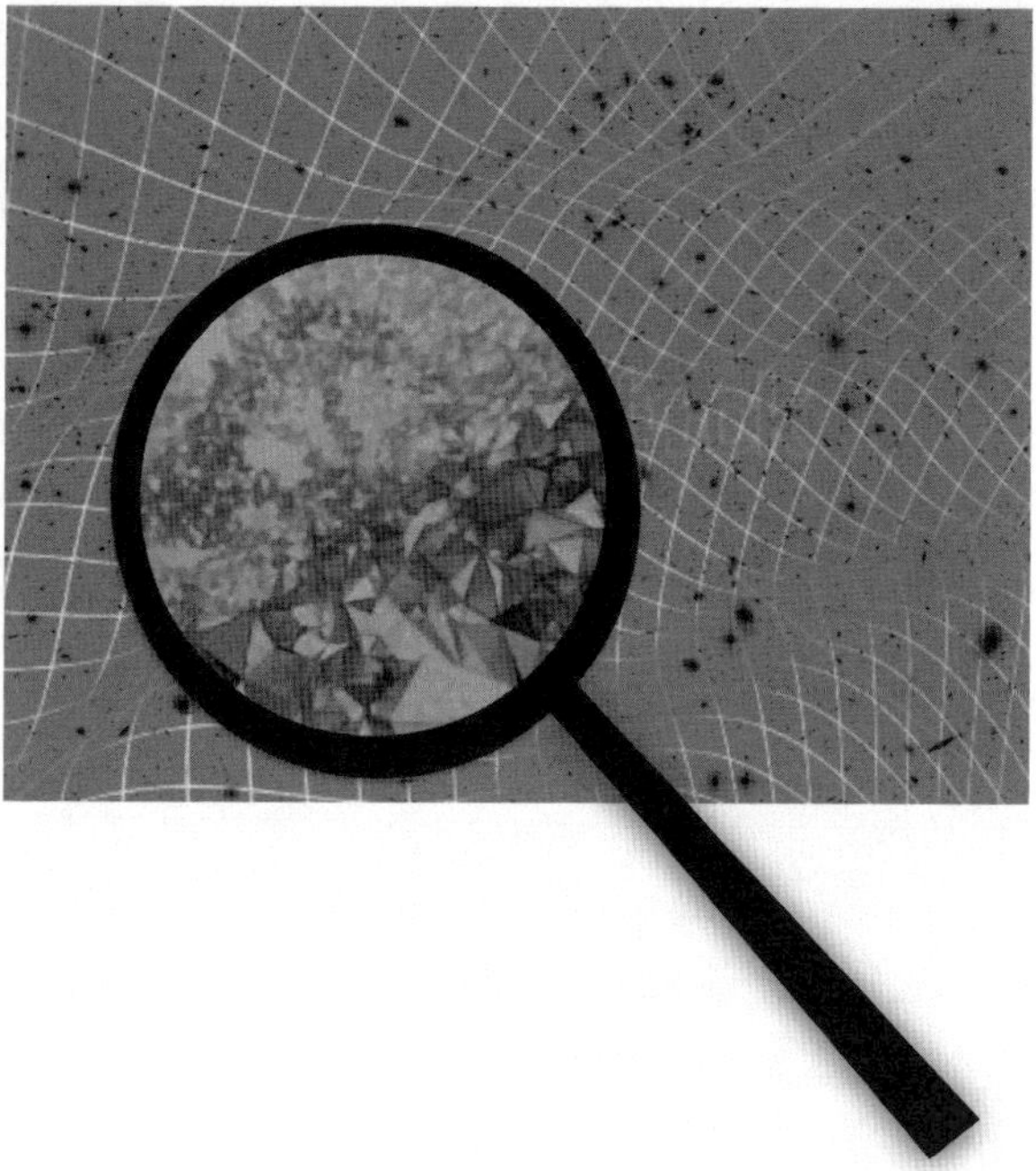

ージの図も、超高性能の拡大レンズを用いて近くから観察してみると、右の図のように空間が小さな粒状の構造になっていることがわかるはずです。

無限に小さくなるブラックホール

ところで、このループ量子重力理論は実験によって検証できるのでしょうか。私たち物理学者のグループは、さまざまな方法を検討し、試しているところですが、いまのところまだ、実証を得るには至っていません。ですが、アイディアはいくつかあります。

そのうちのひとつが、ブラックホールを研究することです。天体を観測すると、重力崩壊を起こした星によってつくられたブラックホールを見ることができます。崩壊した星を形成していた物質は、自らの重みに押しつぶされて、中心へと急激に落ち込み、私たちの視界から消えてしまいます。いったいどこへ行ってしまうのでしょうか。

「ループ量子重力理論」が正しいのであれば、物質は無限に小さくなるまで崩壊することはできません。そもそも、無限小の状態というものが存在しないからです。存在するのは宇宙の終わりの領域だけです。星が自らの重みに押しつぶされて崩壊することによって、物質はどんどん高密度になりますが、量子力学では、ある点までいくと反対の圧力が働き、その重みに釣り合うはずなのです。一生を終えた星が最終的にいきつくこのような仮想の状態は、「プランク粒子」と呼ばれ、そこでは、時空の量子的な波動から生じた圧力が、物質の重力と釣り合っています。

いつか太陽が燃焼を終えてブラックホールになるとしたら、直径わずか一・五キロメートルぐらいの大きさになるでしょう。その内部では、太陽をつくっていたすべての物質がどんどんと沈み込んでいき、最終的にはプランク粒子となってしまうのです。そうなると、大きさは原子ひとつ分とたいして変わらないものとなるでしょう。太陽をつくっていた物質すべてがひとつ分の原子ほどの空間に凝縮されます。プランク粒子というのは、このような物質の極限状態からできているものなのです。プランク粒子は、安定した状態ではありません。極限の状態まで凝縮すると、反動で跳ね返り、ふたたび膨張をはじめます。これが、ブラックホールの爆発をもたらします。

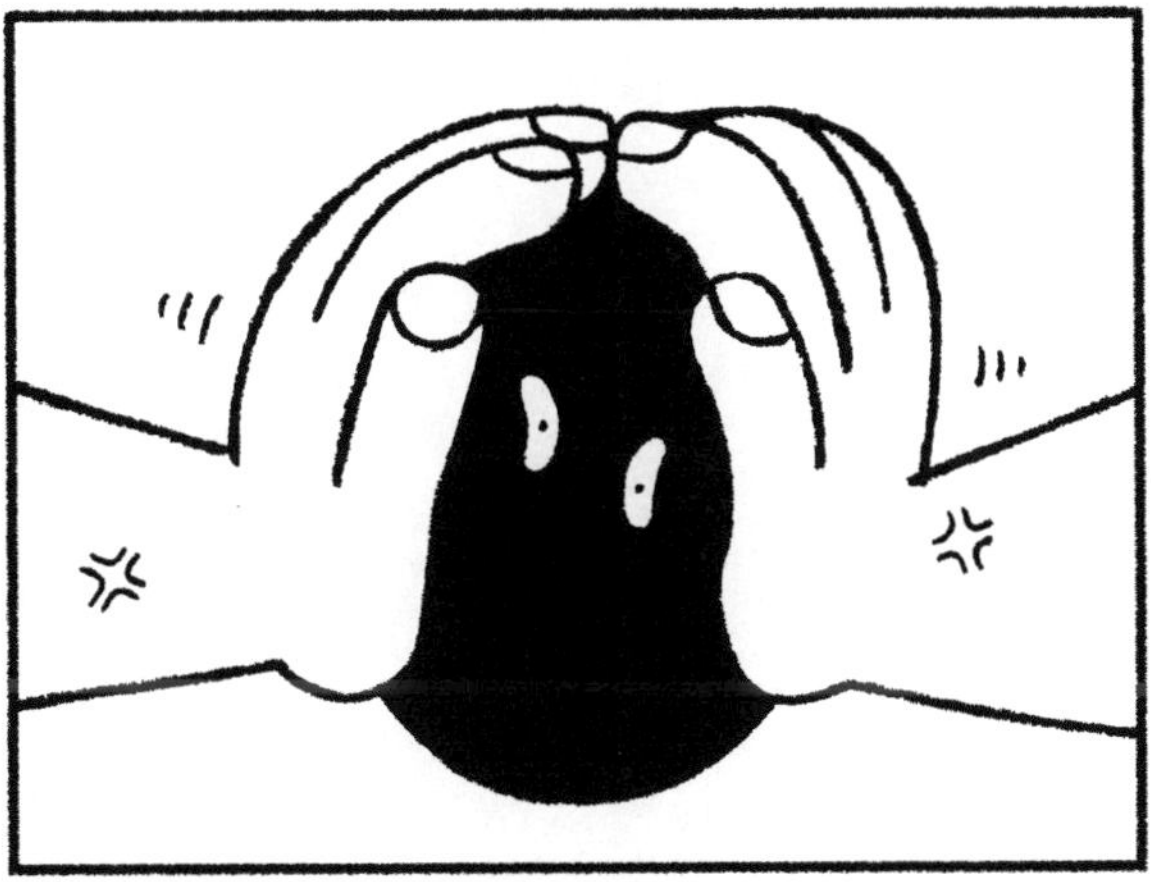

もし、ブラックホールの内部のプランク粒子に観察者がいたと仮定すると、その人から見た一連のプロセスは、ほんの一瞬のできごとです。跳ね返るその瞬間だけなのですから。ですが、内部にいる仮想の観察者と、ブラックホールの外にいる者とのあいだでは、時間の流れ方に違いが生じます。これは、山の上では海岸よりも速く時間が過ぎるのと同じ理由です。ただし、ブラックホールの内側と外側というような極限の条件の場合、時間の流れ方にものすごく大きな差が生じます。プランク粒子

にいる仮想の観察者からすると、一瞬で跳ね返ったように見えたことも、外から見ると非常に長い時間がかかっているように見えるわけです。そのため、私たちの目には、ブラックホールがそのままの形で長いあいだとどまっているように感じられます。いいかえるならば、ブラックホールとは、星が跳ね返る瞬間を、超スローモーションで見たものといえるでしょう。

宇宙の始まりという溶鉱炉のなかでブラックホールが形成され、そのうちのいくつかがいま爆発しているということも考えられます。もしそうだとしたら、爆発とともに放出されるなんらかの形跡を、天空からやってくる高エネルギーの宇宙線という形で観測できるかもしれません。そうすれば、量子化された重力が関係していると考えられる現象の直接の影響を観測し、計測できるようになります。

これはなかなか大胆な発想であり、予想通りにはいかないかもしれません。たとえば原始の宇宙では、それほど多くのブラックホールは形成されず、いまちょうど爆発が観測できるような状態のものがないという可能性もあります。それでも、形跡をさがす試みははじまったばかりですから、今後の進展が期待されます。

ビッグバンの前

「ループ量子重力理論」から導かれる結論のうち、もうひとつ注目に値するのは、宇宙の起源にかかわるものです。宇宙の歴史をさかのぼっていくと、とても熱くて小さかった始まりの時期まで行き着くことができますが、では、それよりも前はどのような状態だったのでしょうか。ループ量子重力理論の方程式を用いると、それよりもさらに前まで宇宙の歴史をさかのぼることができるのです。

宇宙が極限まで凝縮されたとき、量子論では反発する力が生み出されることになります。とすると、「ビッグバン」と呼ばれる宇宙の大爆発は、実際のところ、「ビッグバウンス」つまり、大反跳《はんちょう》だったかもしれないのです。私たちが住んでいるこの世界は、過去の宇宙が自らの重みによってどんどんと収縮し、ごく小さな状態にまで押しつぶされ、その後「反跳」、つまり跳ね返り、ふたたびひろがりはじめ、最終的には、私たちが観測しているこの宇宙のような、膨張を続ける宇宙となったのです。くるみの殻《から》ほどの大きさに宇宙が凝縮し、跳ね返る瞬間は、まさに量子重力理論の王国のようなものです。空間と時間が完全に消え失せ、世

界が、雲のように揺れ動く確率に分解されてしまうのです。それでも、方程式を用いれば、それを記述することができます。すると、第3回講義の最後の図は、上のようなイメージになるでしょう。

この宇宙は、過去の宇宙が、空間も時間も存在しない特異点を経て、跳ね返ることによって生じたものかもしれないのです。

物理学は、遠くを見わたすための窓を開けてくれます。そこに見えてくる光景に、私たちはひたすら驚かされるばかりです。そして、自分たちがどれほど多くの先入観にとらわれていて、どれほど部分的で、古めかしく、不適切なイメージで世界をとらえているかに気づくのです。世界がよく見えるようになるにつれて、そのしくみは、私たちが見ているそばから変わっていきます。

地球は平面ではありませんし、不動でもありません。物理的な世界について私たちが二十世紀に学んだことを総動員すると、物質や空間や時間に対する私たちの直観的な知覚からは、根本的に異なるものの兆しが見えてきます。ループ量子重力理論は、こうした兆しを読み解き、さらにもう少し遠くまで見わたすための試みといえるでしょう。

第6回講義　熱が時間の流れを生む

これまで、世界の基本的なしくみを記述する偉大な理論についてお話ししてきました。物理学には、それとならんでもうひとつ、少し性質は異なりますが、大きな領域があります。そこから生じたのが、「熱とは何か?」という疑問でした。

十九世紀の初めまで、物理学者たちは、熱を「カロリック（熱素）」という名の流体の一種ととらえることで、物体の温度変化を説明しようとしてきました。あるいは、「熱い」流体と「冷たい」流体の二種類が存在すると考える説もありましたが、いずれも誤りだということが明らかになりました。その後、イギリスの物理学者マクスウェルとオーストリアのボルツマンが、その正体を突きとめます。それは、不可思議で奥深い、たいへん美しい発見であり、現代においてもなお未踏の領域へと私たちをいざなってくれるものでした。

熱から生まれる未来と過去

二人が突きとめたのは、熱いものというのは「カロリック」という特殊な流体を含んだ物質ではなく、内部で原子がすばやく動きまわっている物質だということでした。原子や、いくつかの原子が結合してできている分子は、いつも物質のなかをランダムに動きまわっています。走ったり、振動したり、跳ねまわったりしているわけです。冷たい空気のなかでは、こうした原子または分子がゆっくりと運動していますが、熱い空気のなかでは、よりすばやく運動しています。これは、たいへんシンプルで美しい考え方です。ですが、それで終わりではありません。

ご存じのとおり熱は、いつも熱いものから冷たいものへと伝わります。冷たいティースプーンを熱い紅茶のなかに入れれば、スプーンも熱くなりますし、こごえそうなほど寒い日は、しっかり服を着こまないとたちまち熱が奪われて体が冷えてしまいます。

なぜ、熱は熱いものから冷たいものへと移動し、その逆にはならないのでしょうか。

これは、たいへん重要な鍵を握る問題であり、時間の性質ともかかわってきます。なぜならば、熱の移動がみられない場合、または移動した熱の量が無視できるほど微量だった場合、私たちは、未来も過去とまったくおなじようにふるまうと考えます。たとえば、太陽系の惑星運動では、熱はほとんど意味をもちません。そのため、惑星の運動がたとえ逆向きになったとしても、物理の法則に何ひとつ反することはないのです。

ところが、ある現象に熱がかかわったとたん、未来は過去と異なるものになります。たとえば、摩擦がないかぎり振り子は永遠に揺れつづけます。揺れている状態の振り子を撮影し、その映像を逆に再生しても、その動きは少しも不自然ではありません。ですがそこに摩擦が生じると、摩擦によって振り子は支柱をわずかにあたためます。それによってエネルギーが奪われ、スピードが遅くなるのです。ひとたび摩擦によって熱が発生すると、未来（だんだんと振り子がゆっくりになっていく）と過去が区別できるようになるわけです。現に、静止した状態から、支柱の熱を吸収してエネルギーを得ることによって振り子が動きだすことは、ありえません。

このように、過去と未来のあいだに違いが生じるのは、熱が介在する場合にかぎられます。いいかえるならば、未来と過去を区別する根本的な現象は、熱いものから冷たいものへの熱伝導だといえるでしょう。

なぜ熱は熱いものから冷たいものへと移動し、冷たいものから熱いものには移動しないのでしょうか。

その理由を解き明かしたのがオーストリアの物理学者ルートヴィヒ・ボルツマンで、その答えは驚くほどシンプルなものでした。偶然によるというのです。ボルツマンの着想は鋭く、そこには確率の概念がかかわってきます。熱が、熱いものから冷たいものへと移動するのは、絶対的な法則にしたがっているからではなく、たんに高い確率でそうなっているにすぎないというのです。つまり、熱が熱いものから冷たいものにしか移動しないのは、熱い物質の原子のほうが運動するスピードが速いため、冷たい原子にぶつかって、自分のエネルギーを少し与える可能性のほうが、その逆の可能性よりも統計学的に高いからなのです。

衝突の前と後とでエネルギーの総量は同一に保たれますが、いくつもの衝突が偶然に起こるような場合、それぞれの部分でほぼ均質に分配される傾向にあります。そのため、互いに接触している物体の温度は、均質となる傾向があるのです。熱い物体が冷たい物体と触れることによってさらに熱くなる確率も、完全にゼロではありませんが、無視できるほど低いものです。

物理的な考察の中心に確率論を持ち込み、熱という力学の基本原理を解明するために利用するという考え方は、当初、馬鹿げていると思われました。革新的な理論が初めて提唱されたときによく起こることですが、誰もボルツマンの理論を真剣にとりあげようとはしませんでした。けっきょく彼は、自らの説の正しさが世界的に認められるのを見ることなく、一九〇六年の九月五日、イタリアの北東部、トリエステの近くのドゥイーノで首を吊って自殺してしまいます。

確率と予測の熱力学

それにしても、物理学の中心に確率がかかわってくるというのは、どういうことなのでしょうか。第2回講義でお話ししたとおり、量子力学では、あらゆるミクロの粒がランダムに動きまわると考えられています。これが、確率とかかわってくるのです。ところが、ボルツマンによって言及されている確率は、熱の伝導に関係する確率であり、量子力学とは無関係ですし、起源も異なります。熱力学で用いられる確率は、ある意味、私たち人間の無知と関係するものといえるでしょう。「私は、ひとつの現象について完全に解き明かすことはできないけれども、その可能性が高いか低いかはわかる」ということなのです。

たとえば、私がいまいる南仏のマルセイユで、明日雨が降るか、晴れるか、あるいは雪が降るかはわかりません。しかし、いまが八月であることを考えると、明日雪が降る確率は非常に低いことがわかります。同様に、多くの物理的対象について、私たちはその状態を部分的に理解しているだけで、完全に理解しているわけではありません。そのため、確率論的な予測しかできないのです。

ここに空気をたくさん入れてふくらませた風船がひとつあるとします。私たちはそれを観察し、形や大きさや圧力や温度を計測できるでしょう。ですが、風船の内部ですばやく動きまわっている空気の分子の正確な位置までは知ることができません。そのため、風船がどのような動きをするのか正確に予測することは不可能です。もし、風船の口を閉じている結び目をほどいて手を放すと、好き勝手に飛んでいき、あちこちにぶつかりながら音を立ててしぼんでいくでしょう。そのときの動きは、私には予測不可能なものです。いくら風船の形や大きさ、圧力や温度を把握していても、あちこちぶつかりながら飛んでいく風船の動きは、その内部にある空気の分子の詳しい位置によって決まるものであり、私にはそれを知ることができません。

すべてを正確に予測することは不可能ですが、何が起こりやすく、何が起こりにくいのか、その確率をある程度まで予測することはできます。たとえば、風船が窓から外に飛び出し、向こうに見える灯台のまわりをぐるりと一周し、私の手のひらにもどってくる確率はほとんどゼロでしょう。つまり、風船の動きには、確率が高いものと低いものがあるわけです。同様に、分子どうしの衝突では、熱い物体からより冷たい物体へと熱が移動する確率を計算してみると、その逆方向に熱が移動する確率よりもはるかに高いものとなります。

物理学のなかで、このようなことを明らかにしようと試みる分野を、統計物理学といいます。そして、ボルツマン以降の統計物理学における最大の成果が、熱や温度のふるまいを確率論的に探ることを試みる、熱力学なのです。

一見したところ、すべてを正確に知らない無知な私たちが、世界を構成する物質のふるまいを解釈できるなんて、非論理的なように思えるでしょう。私たちが知っているか知らないかということとは関係なく、冷たいスプーンを熱い紅茶に入れれば熱くなりますし、ふくらませた風船の口を開けて放せば、勢いよく飛んでいきます。私たち人間にとって理解できているか否かということが、世界を支配する法則にどのような関係があるのだろうという疑問がわいてくるのは当然です。そして、それに対する答えは微妙なものです。

スプーンも風船も、私たち人間が何を知っていて何を知らないかということとは関係なく、物理の法則にしたがって定められたとおりにふるまっています。そうしたふるまいが予測可能か予測不可能かということは、物質の正確な状態とは関係ありません。私たちが相互作用をおよぼしている物質の、おおまかな性質としか関係がないのです。こうした性質が、スプーンや風船に対する確率を用いた統計力学というアプローチの仕方で予測されます。したがって、ここでいう確率は、物体そのものの時間的な変化を知るためのものではありません。ほかの物体と相互作用するときの、物体の性質の変化にかかわるものなのです。ここでもまた、自然は、私たちが世界に秩序を与えるために用いている科学的な考え方と深い関係性のあることが明らかになります。

冷たいスプーンを熱い紅茶に入れると熱くなるという現象は、紅茶とスプーンが、私たち人間と、わずかな数の変数によってのみ相互作用をおよぼすから起こるものなのですが、これらの物質のミクロの状態を特徴づける変数は、ほかにも無数に存在します（たとえば温度など）。こうした変数の値は、風船の場合がそうだったように、物質の未来のふるまいを正確に予測するには不十分ですが、非常に高い確率でスプーンが熱くなるだろうという予測には十分なのです。

なかなか微妙ないいまわしですが、おわかりいただけましたか？

二十世紀になると、熱を科学的にあつかう「熱力学」と、さまざまな運動の確率を科学する「統計力学」が、電磁場や量子現象にも応用されるようになります。

しかし、これらを重力場にまで応用するのは困難なことがわかりました。重力場に熱が拡散した場合、重力場がどのようにふるまうかは、いまだに解決されていない問題です。電磁場と熱との関係はよくわかっています。たとえば、オーブンのなかに熱い物があったとき、それがどのような電磁波を放出するかということは説明できます。電磁波は、エネルギーを分配しながら、ランダムに振動します。光子でつくられたガスが、熱い風船のなかの分子のように動きまわっているところを想像するといいでしょう。

ですが、熱と重力場の関係というのは、どのようなものなのでしょうか。第1回講義でみてきたとおり、重力場というのは空間そのものです。もっと正確にいうならば「時空」ですから、熱が重力場に拡散した場合、空間と時間が振動を起こすことになります。しかし、いまのところ、私たちの知識ではそのような状態をうまく説明することはできません。熱い時空で生じる熱振動のようすを記述する方程式は、まだ発見されていないのです。

時間の流れとは何か

この疑問は、時間をめぐる問題の核心部分へとつながっていきます。つまり、時間の流れとは何なのか、という問題です。

これは、古典物理学でもすでに生じていた問題で、十九世紀から二十世紀にかけて、折にふれて哲学者によってとりあげられてきましたが、とりわけ現代物理学で真剣に議論されるようになりました。物理学では、「時間」という変数によってものごとがどのように変化するのかを予測する数式を用いて、世界を記述することになります。ところが、「位置」という変数によってものごとがどのように変化するか、または、「バターの量」という変数によってリゾットの味がどのように変化するか記述する数式を書くことはできても、時間の場合はそうはいきません。時間は「流れる」ように見えますが、バターの量や、空間における位置は「流れる」ものではありません。この違いはいったいどこから来るのでしょうか。

問題に向き合うためのもうひとつの方法が、「現在」とは何かを考えることです。その際、存在しているものが、現在にあるものだということができます。過去は（もはや）存在していませんし、未来も（まだ）存在していません。でも、物理学の世界では、「いま」という概念に対応するものは何もないのです。「いま」と「ここ」を比べてみてください。「ここ」というのは、話し手のいる場所を指しています。二人の人が別々に「ここ」と言えば、それぞれ異なる場所を指します。したがって、「ここ」という言葉は、どこで発せられるかによって、意味が異なってくるといえるでしょう（こうした言葉のことを「指示語」といいます）。「いま」も、その言葉が発せられた瞬間のことを指します（「いま」も、広い意味で指示語のひとつです）。「ここ」にあるものは存在し、「ここ」にないものは存在しないと言い張る人はいないでしょう。

だとしたら、なぜ「いま」あるものは存在し、そうでないものは存在しないといえるのでしょうか。現在というのは、世界における客観的な何かであり、それが「流れて」いくことによって、ものごとを次から次へと「存在」させるものなのでしょうか。それとも、「ここ」と同様にたんに主観的な概念にすぎないのでしょうか。

奇抜な問いかけだと思われるかもしれません。ですが、現代物理学においては、白熱した問いといえるでしょう。なぜなら、特殊相対性理論によって、「現在」という概念もまた主観的なものだということが示されたからです。物理学者も哲学者も、「現在」が宇宙全体に共通するという考え方は幻想であるという点で一致しています。時間が普遍的に「流れている」と考えるのは一般論にすぎず、事実とは相容《あいい》れないという結論に達したのです。

アインシュタインは、イタリア人の親友、ミケーレ・ベッソが亡くなったとき、ミケーレの遺族に次のような感動的な内容の手紙を書きました。

「ミケーレは、私よりも少し早く、この不可思議な世界から旅立っていきました。でも、それはなんら意味のないことです。私たちのように物理学を信ずる者たちにとっては、過去、現在、未来というような区別は、頑固で執拗な幻想以外のなにものでもないことがわかっているのですから」。

とはいえ、幻想であろうとなかろうと、私たちにとって時間はたしかに「経過し」、「流れていく」という事実は、どうしたら説明がつくのでしょうか。私たち一人ひとりにとって、時間は明らかに流れています。私たちの思考や意見は、時間のなかに存在し、言語構造そのものも時間という概念を必要としています（「ありますす」「ありました」「あるでしょう」というように、現在形、過去形、未来形が存在します）。色のない世界や、物質のない世界、または空間のない世界は想像できますが、時間のない世界を想像することは容易ではありません。ドイツの

哲学者、マルティン・ハイデガーは、私たちのこの、「時間に住まう」という概念に注目していました。ハイデガーが根源的とまでとらえていた時間の流れが、世界の記述のなかに存在しないなんてことがあっていいのでしょうか。

熱心なハイデガー派をはじめとする哲学者のなかには、物理学では現実のもっとも根本的な部分を記述できないと主張する人たちもいます。世界を誤ったかたちで認識している物理は、不適格な学問だというのです。しかし、私たちはこれまでにも何度も、私たちの直観というものがいかに不確かであるかを思い知らされてきました。もしも私たち人間が、その場の感覚にこだわっていたならば、地球は平らで、太陽が地球のまわりをまわっているのだといまだに信じていることでしょう。限定的ではありながらも、積み重ねてきた経験をもとにして、直観も進歩してきたのです。視線をさらに遠くに向けたとき、はじめて私たちは、世界が自分たちの目に映るような姿をしていないことに気づきます。地球は丸く、南極の村々では足を上、頭は下にして生活しているのですから。多くの人たちが論理的に、慎重に、理知的に重ねてきた考察ではなく、その場の感覚を信じるのは、賢明なことではありません。たとえていうならば、自分が住んでいる村の外には、これまで見てきたのとは異なる広い世界があることを信じたがらない老人と変わらない、思いあがりなのです。

時間の流れを解く鍵は熱

だとしたら、時間が流れているという生々しい体験はどこから来るのでしょうか。

この問いに答えるためのヒントは、時間と熱の強い関係性にあるといえるでしょう。つまり、熱の移動が介在するときにだけ、過去と未来が異なるということです。そして、物理では熱は確率と結びついており、確率というものは、私たちが周囲の物質とかかわるとき、現実世界の細かなミクロの状態までは見きわめていないこととかかわってくるのです。

たしかに、時間の流れは物理学によって浮かびあがってきますが、物質の状態を正確に記述する意味でではありません。それよりも、統計力学や熱力学などのような領域で、より鮮明に浮かびあがってくるのです。

これこそが、時間の謎を解く鍵なのかもしれません。「現在」というものは、客観的な「ここ」が存在しないのとおなじように、客観的な形で存在するものではありません。そうではなく、世界との微視的な相互作用が、とある系(たとえば私たち自身)にまつわる一時的な現象を浮かびあがらせるのです。それらは無数にある変数の平均値と相互作用を起こしているわけです。私たち人間の記憶や意識というものは、時間のなかで不変ではない、こうした統計的な現象のうえに形づくられています。

もし、すべてを見わたすことのできる鋭い目があると仮定したら、「流れていく」時間は存在せず、世界は過去と現在と未来からなる、大きな固まりとなるはずです。けれども、私たち人間は、世界に対してぼんやりとしたイメージしかもっていないために、時間のなかに住んでいるような気がするのです。本書の編集者の言葉を借りるならば、「明らかなものよりも、明らかでないもののほうがはるかに広大だ」ということになります。このように、ピントの合っていない状態で世界を見ているために、私たちのもつ「時間が流れている」という感覚が生まれるわけです。

おわかりいただけましたでしょうか。よくわかりませんね。それもそのはず、これから解明されるべきことがまだたくさんあります。この問題に向き合ううえでのひとつの手掛かりは、イギリスの物理学者、スティーヴン・ホーキングが完成させた計算によって示されます。ご存じのとおり彼は、病気のために車椅子での生活を強いられ、話すことさえできなくなりながらも、最高レベルの物理学者として活動を続けていたことで世界的にその名が知られています。

ホーキングは、量子力学を応用して、ブラックホールは熱のようなものをもっ

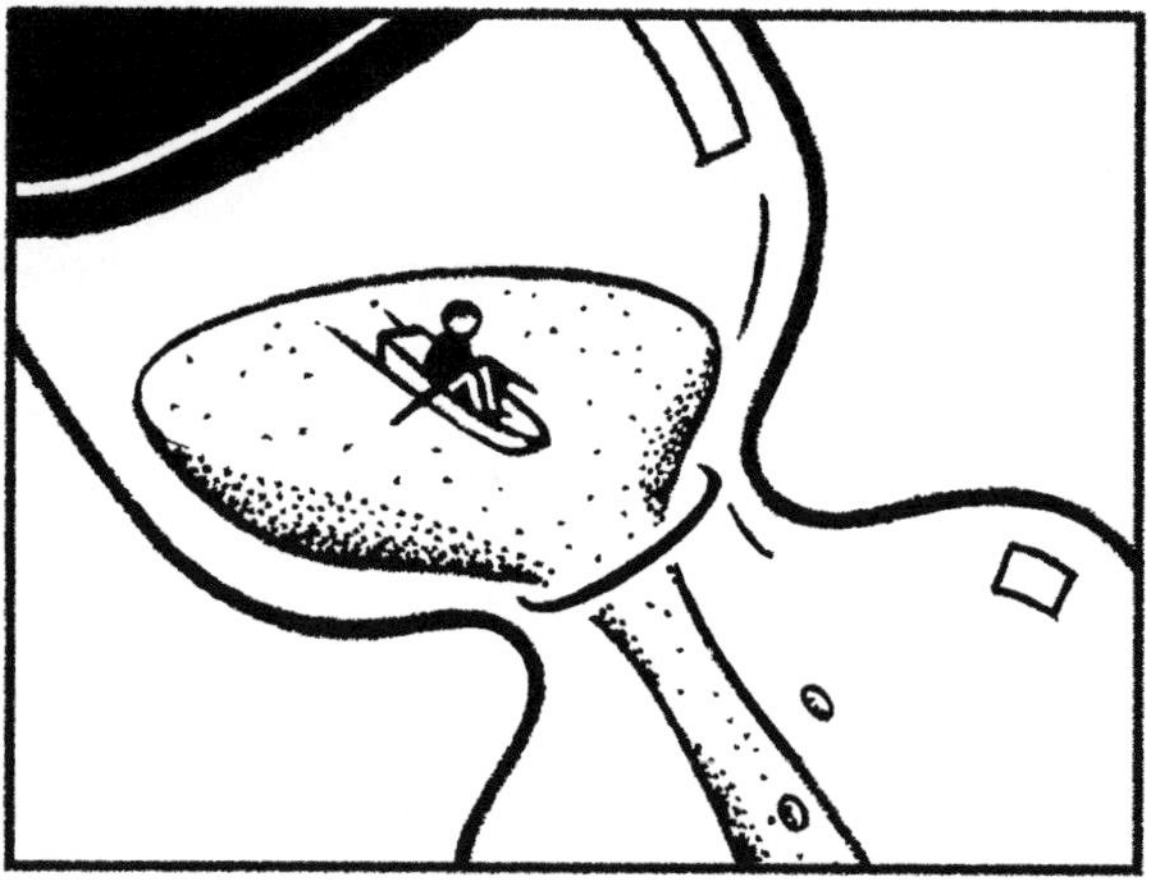

ていることを予言しました。ブラックホールが、あたかもストーブのように熱を放射しているというのです。これは、「熱をもつ宇宙空間」とは何かという問いに対する、最初の具体的な手掛かりといえます。この熱を観測した人はいまのところ誰もいません。なぜならば、天空に見える実際のブラックホールの熱は、きわめて小さいと考えられるからです。それでも、ホーキングの計算には説得力があり、さまざまな方法で何度も繰り返し計算された結果、ブラックホールに熱があるという説は、一般

的に正しいと考えられています。

このブラックホールの熱というものは、ブラックホールという重力的な性質をもつものに対する、量子的な効果といえるでしょう。宇宙に存在する個々の量子や、宇宙の素粒子、そして「分子」の振動によって、ブラックホールの表面があたためられ、ブラックホールの熱が生み出されるのです。この現象には、統計力学と一般相対性理論、そして熱力学とが同時にかかわってきます。これら三つのパズルのピースのうちの二つを統一する量子重力理論については、しだいに解明されつつありますが、この世界についての根本的な知識のピースを三つとも統一できる理論はまだ見つかっていないため、このような現象がなぜ起こるのかは解明されていません。

ブラックホールの熱は、量子、重力、熱力学という三つの言語を用いて書かれたロゼッタ・ストーン〔古代エジプト語の神聖文字と民衆文字、ギリシア文字の三通りの書記法で書かれた古代の石碑〕のようなものです。これがいつの日か解読されれば、時間の流れとは何かが本当にわかることでしょう。

最終講義　自由と好奇心

空間の深層構造から宇宙の果てまで、ずいぶんと話が遠くに行ってしまいましたが、この一連の講義を終える前に、私たち自身に話をもどしておきたいと思います。

現代物理学によってとらえられたこの広大で素晴らしい宇宙で、ものごとを知覚し、決定し、笑いもすれば泣きもする私たち人間は、いったいどのような位置を占めているのでしょうか。世界が、無数のはかなく揺れる量子からなる空間と物質でできており、空間と素粒子の果てしない組み合わせなのだとしたら、私たち人間とはいったいどのような存在なのでしょう。私たちもまた、量子や粒子だけでつくられているのでしょうか。

もしそうだとしたら、私たち一人ひとりが抱いている、独立した自己としてここに存在しているという感覚は、いったいどこから来るのでしょうか。私たちの価値観や夢、感動、ほかでもない知識というものは、何なのでしょうか。この輝きを放つ果てしない宇宙において、私たち人間とはどのような存在なのでしょうか。

このように短くてシンプルな本で、これほど根源的な問いに対する真の答えが提示できるとは思っていません。これはたいへん難しい問題です。現代科学という大きな枠組みにおいて、いまだに解き明かされていない謎はたくさんありますが、なかでもわかっていないのが私たち自身のことなのです。だからといって、この問いを避けて通り、知らないふりをしてしまうのは、何か本質的なものをおろそかにすることになるのではないでしょうか。科学という光を当てたときに世界がどのように見えるのか、それを皆さんにお話ししようと決めた以上、その世界に、ほかでもなく私たち人間も含まれることを無視するわけにはいきません。

人間がつくりあげる世界のイメージ

「私たち」人間は、なによりもまずこの世界を観察している主体であり、これまで私がお話ししてきたような、現実世界の「再現写真」を集団で制作しています。私たち人間は情報交換ネットワークの要《かなめ》であり、本書はそれぞれをつなぐネジの役割を果たしています。私たちはそのネットワークを通じて、イメージや道具、情報や知識を交換し合っています。

その一方で、いまこうして観察している世界で、私たちはたんなる外側からの観察者ではなく、まぎれもない構成要素でもあります。私たちはこの世界のなかに存在しています。つまり、この世界に対する私たちの展望は、あくまで内側からのものなのです。私たちは、山の上に生えている松の木々や、銀河の星々とおなじ原子や、それらが交わしているのとおなじ光の信号からできています。

人類の知がしだいに深まってくるにつれ、私たちは自分たちが宇宙の一部であることを、それもごく小さな一部だということを学んできました。過去の時代にもすでに起こっていたことですが、二十一世紀に入ってその傾向がますます顕著になりました。かつて人類は、自分たちが宇宙の中心に位置する惑星に住んでいると考えていましたが、実際にはそうでないことがわかりました。かつて人類は、動物界や植物界で、自分たちが特別な種《しゅ》だと考えていましたが、私たちのまわりに存在しているほかのあらゆる生物とおなじ祖先から派生したものだとわかったのです。私たち人類は、蝶やカラマツと共通の祖先をもっています。

たとえるならば、私たちは、幼いうちは世の中が自分を中心にまわっていると信じ込んでいるものの、成長するにつれて、じつはそうではないことを学んでいく一人っ子のような存在です。その他大勢の一人にすぎないことを受け入れなければならないのです。ほかの人やほかのものに自らの姿を投影することによって、自分が何者かを学んでいくわけです。

ドイツ観念論が全盛だった時代、哲学者のフリードリヒ・シェリングは、人間こそが自然界の頂点であり、実在が自己の認識を獲得した至高の位置にあると考えていました。これは、自然界に対する現代の私たちの知識に照らし合わせるならば、苦笑せずにはいられない考えでしょう。もし私たちが特別な存在なのだとしたら、それは誰にとっても自分が特別な存在であるのとおなじように、またはすべての母親が子どもにとって特別な存在であるのとおなじ意味合いにおいて、特別であるにすぎません。そのほかの自然物からすれば、少しも特別ではないのです。銀河や星という果てしない「海」のなかで、私たち人間は無数の欠片《かけら》のひとつにすぎません。現実を織りなす無数のアラベスク模様のなかで、私たち人間はほかとおなじ一本の線でしかないのです。

私たちがつくりあげる世界のイメージは、私たちのなかに、つまり私たちの思考という空間に息づいています。そうしたイメージ——私たちのもつ限られた方法によって理解し、再現できるもの——と、私たちがその一部をなしている実際の世界のあいだには、数えきれないほどのフィルターが介在しています。たとえば、私たちの無知、感覚や知能の限界、そして主体、しかも特殊な主体であるということによって体験に課せられる条件……。カントは、このようなフィルターを普遍的なものとみなし、ユークリッド幾何学にもとづいた空間論やニュートン力学は、先天的《アプリオリ》に正しいものだと推論していましたが、明らかに間違いだったのです。それらは、人類の知的進化にともなう経験的《アポステリオリ》なものであり、つねに進化を続けるものです。

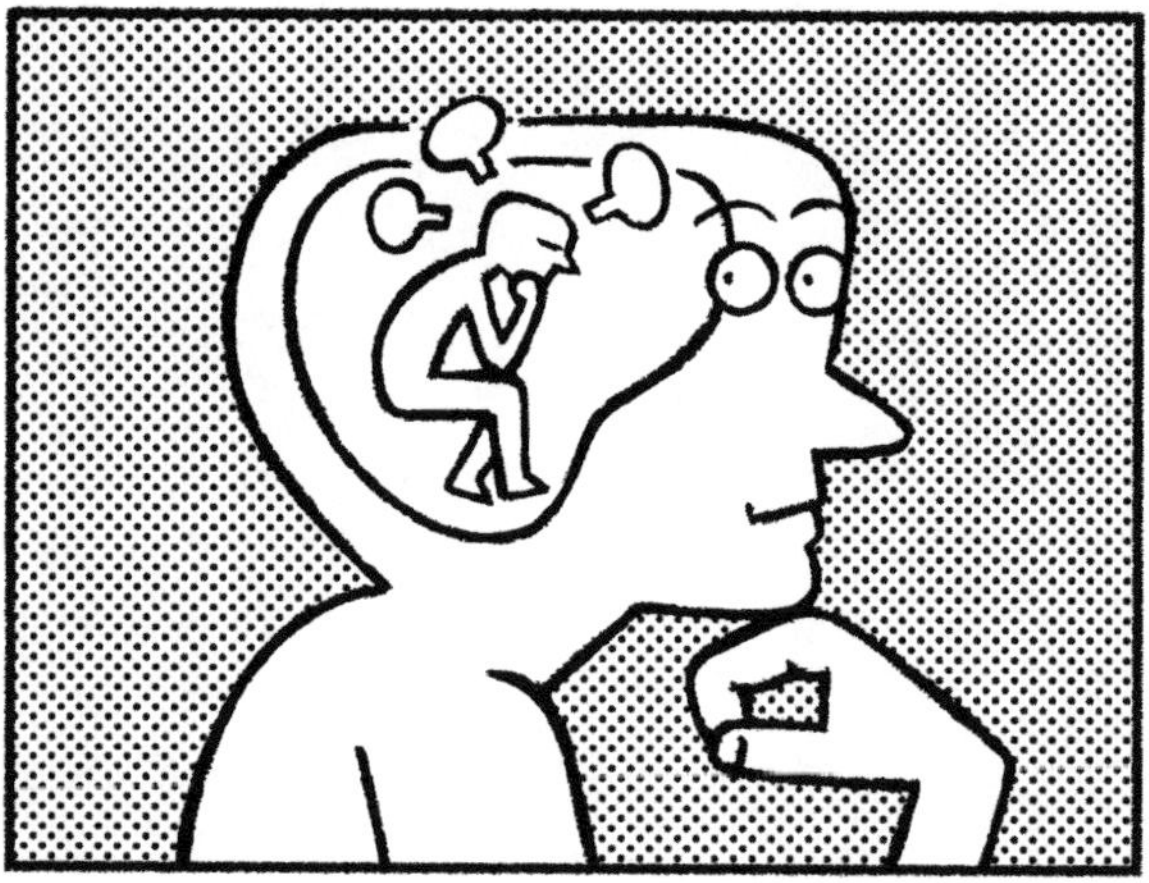

私たち人間は、ものごとを学ぶだけではなく、自己の概念構造を少しずつ変えていき、学んだことにそれを適応させていきます。うして、ゆっくりと手探りではありますが、私たち自身もその一部をなす現実の世界を解明できるようになってきたのです。そつくりあげる宇宙のイメージは、私たちが私たちの内部、つまり私たちの思考という場で息づいているのですが、私たちがその一部をなしている現実の世界を、多かれ少なかれ正しく描写したものといえるでしょう。私たちは、この世界をより

正確に描写するためのさらなる手掛かりを探っているのです。

私たちにとって、ビッグバンや宇宙の構造について語るという行為は、数十万年ものあいだ人類が火を囲みながら気の向くままに語ってきた空想物語の延長にあるものではありません。それとは別の行為の延長線上に位置するのです。たとえば、夜が明けたばかりの薄明かりのなか、サバンナの土埃《つちぼこり》の向こうにアンテロープ〔ウシ科の草食動物〕のシルエットを探す人類の視線の延長線上にある行為といったらいいでしょうか。要するに、直接目にすることはできませんが、手掛かりなら追えることを推論するために、現実世界の細部を注意深く観測する行為なのです。間違える可能性もあることをつねに自覚しているため、何か新しい手掛かりがあらわれれば、すぐに考えを改める心積もりもできています。同時に、自分たちが優秀で、正しく理解できれば、探しているものを見つけ出せることもわかっているのです。それこそが科学といえるでしょう。

物語を創作することと、何かを突きとめるための手掛かりを追うこと、これら二つの異なる人間の営みの混同は、現代文化の一部に根強く残る、科学に対する無理解と警戒心の源ともいえます。両者を隔てる壁は非常に薄いものです。明け方にしとめられたアンテロープは、夕方、火を囲みながら語られる神話に登場するアンテロープの神とあまり変わりません。両者のあいだの境界ははかないものなのです。神話は科学によって豊かになり、科学は神話によって豊かになりますが、それでも、「知」という認識的な価値は残ります。アンテロープを見つければ、それを食べることができるのですから。

つまり、私たちの知識には世界が反映されます。程度こそまちまちですが、私たちの住んでいる世界が映し出されるのです。

私たち人間と世界のあいだのこのようなやりとりは、自然界のほかのものと人間を区別するものではありません。世界に存在しているものはどれも、絶えず互いに作用し合っています。そして作用する際に、作用した相手の状態の痕跡がそれぞれの状態に残るのです。そのような意味において、世界に存在しているものはいつだって、情報を交換し合っているといえるでしょう。

人間の脳と物理学

ひとつの物理系が別の物理系に対してもつ情報は、精神的なものでも主観的なものでもありません。単にひとつの物の状態と別の物の状態のあいだに生じた物理現象による結びつきにすぎないのです。

たとえば、一滴の雨粒には、空に雲が存在しているという情報が含まれていますし、ひと筋の光線には、その光を発している物体の色についての情報が含まれています。時計には、そのときの時刻に関する情報が含まれ、風は近くに迫っている嵐についての情報を運んできます。風邪のウイルスには、その人の鼻の粘膜の弱さについての情報が含まれていますし、人間の細胞のＤＮＡには、その人の遺伝コードに関する情報がすべてつまっていて、それによって親に似るわけです。さらに人の脳には、経験によって培《つちか》われてきた情報がたくさん詰まっています。私たちの思考の基本的実体は、このように収集され、交換され、蓄積され、絶えず処理されている膨大な量の情報なのです。

一方で、家庭にある暖房装置のサーモスタットも、部屋の温度を「感じ」、「知る」ことができます。そして部屋の情報を得たうえで、ある程度暖かくなったら、暖房のスイッチを切るのです。だとしたら、おなじように部屋の暖かさを「感じ」、「知る」ことができたうえで、暖房をつけるか消すかを自由意思で決め、そこに自己が存在していることを理解している私たちと、サーモスタットのあいだには、どのような違いがあるのでしょうか。自然界における絶え間ない情報のやりとりが、どのようにして私たち自身をつくり出し、私たちの思考をつくり出すのでしょうか。

これはひらかれた問いであり、考えられる解答として現在議論されているものは数多く、いずれも素晴らしいものばかりです。思うにこれは、もっとも興味をひかれる科学のフロンティアのひとつであり、著しい進歩がみられるテーマだといえるでしょう。現在では、新しく開発された装置によって、活動中の脳の状態を観察できるようになりました。驚異的な正確さで、脳内のきわめて複雑に入り組んだ神経ネットワークを地図化＝マッピングすることも可能です。二〇一四年には、哺乳類の脳の詳細な構造（メゾスコピック神経回路）がはじめて全体にわたってマッピングされたというニュースもありました。意識という主観的な感覚に相当する領域を数学的なかたちで詳細に解明しようという試みは、哲学者だけでなく、脳神経科学者のあいだでも議論されています。

なかでももっとも素晴らしいのは、あくまで個人的な考えですが、イタリア出身の卓越した科学者で、現在はアメリカ合衆国に在住しているジュリオ・トノーニの発表したものでしょう。これは、統合情報理論と呼ばれ、ある一定のシステムが意識的であるためにはどのような構造をもつべきかを、情報量の観点から理論化しようという試みです。たとえば、私たち人間が目覚めているとき（意識的な状態）と、夢も見ずに眠っているとき（無意識の状態）では、物理的には脳にどのような違いが生じているのかを解明するのです。もちろん、まだ試みの段階であり、私たち自身の意識というものがどのようにして生まれるのかという問いに対し、説得力があり、かつ多くの人に共有されている答えが見つかったわけではありませんが、少しずつ霧が晴れてきているように感じられます。

自然の法則と自由な意思決定

人間をめぐる疑問のなかでも、とりわけ私たちを戸惑わせるものがあります。それは、私たちの行動が自然の法則にただ従っているだけなのだとしたら、「私たちは自由に選択している」ということにどのような意味があるのかという疑問です。世界に存在するものは、厳格な法則に従っていることがわかってきていますが、それと、「自由だ」という私たちの感覚とのあいだには、矛盾があるのではないでしょうか。それとも、自然の規則性からまぬかれ、私たちの自由な思考により、それらをゆがめ、逸《そ》らすことのできる何かが私たちのなかにあるというのでしょうか。

いいえ、そうではありません。私たちを形づくっているものの何ひとつとして、自然の法則に従わないものはありません。もしも、自然の法則に従わないものが私たちの内部にあるとしたら、人類はかなり以前にそのことに気づいていたはずです。私たちの内部には、物質の自然なふるまいに背《そむ》くものはひとつとしてありません。この見解は、物理学や化学、生物学、神経科学など、あらゆる現代科学によって、強まるばかりです。

混乱に対する解決策は、別のところにあります。私たちは自由であるというとき（事実、私たちは自由であることが可能なわけですが）、それはつまり、私たちの内部にある、脳のなかで起こっていることによって私たちの行動が決定づけられており、外部から強要されたものではないということなのです。「自由である」とは、なにも私たちの行動が自然の法則に左右されないということではなく、

私たちの脳のなかで作用する自然の法則に従っているということなのです。私たちの自由な選択は、脳の内部にある無数のニューロンのあいだで瞬時におこなわれる盛んな相互作用の結果によって、「自由に」決定されています。意思を決定しているのがニューロンの相互作用であるという意味において、自由といえるのです。

ということはつまり、

私が意思を決定するとき、決めているのは「私」だといえるのでしょうか。もちろんそうです。なぜならば、私の脳内のニューロンの総体がすると決めたこととは別の行動を、「私」が起こせるのかと問うこと自体、ナンセンスなのですから。この二つは、十七世紀のオランダの哲学者、バールーフ・デ・スピノザが驚くほどの明晰さでもって理解したとおり、同一です。「私」と「私の脳内のニューロン」とが別々に存在しているわけではなく、両者はおなじものなのです。個人というのは、複雑ではありますが、厳密に統合されたひとつのプロセスといえるでしょう。

一般に「人間の行動は予測がつかない」といいますが、とりわけ自分自身にとって、それはあまりに複雑でたしかに予測は不可能ですから、事実といえるでしょう。私たちが抱いている内面的な自由という鮮烈な感覚は、スピノザが鋭く指摘したとおり、私たちが自分自身に対して抱いている概念やイメージが、脳の内部で起きていることとの複雑なメカニズムの詳細に比較すると、極端に大雑把《おおざっぱ》でぼんやりとしていることから生じるものです。つまり私たちは、私たち自身の驚きの源といえるでしょう。私たちの脳の内部には一〇〇〇億個ものニューロンが存在しますが、これは銀河系の星とおなじくらいの数です。これだけの数のニューロンによって形成されるつながりや組み合わせまで考慮するならば、さらに天文学的な数となります。そのすべてが、私たちの無意識のうちにおこなわれています。「私たち」という存在は、これほど複雑なメカニズムによって生じたプロセスの総体であり、私たちの意識下にあるごくわずかな部分だけからなっているわけではないのです。

決定を下している「私」は、私たちの脳という、情報を管理し、表現をつかさどる驚異的な構造が、自分自身に自らを映し出すことによって形成されるのとおなじ「私」なのです。脳は、世界のなかで自らを表現することによって、あるいは世界に存在する可変的な視点として自らを見いだすことによっても、「私」を形成します（具体的にどのような方法によってかについては、まだ完全には解き明かされていないものの、その一端が明らかになってきました）。

「決定を下しているのは私だ」という感触を抱くとき、その感覚は正しいものです。私でなければ、誰が決めているというのでしょうか。私という存在は、スピノザが定義したとおり、私の身体であると同時に、私の脳のなかや心のなかで起こっている現象すべて（たとえそれが、自分自身にとって際限なく複雑で、解き明かすことが不可能だったとしても）なのだといえるでしょう。

したがって、これまで本書で語ってきた、世界のしくみについての科学的なイメージというのは、私たちが自己に対して抱いている感覚と矛盾するものではありません。私たちが精神的に、あるいは心理的に考えていることや、感情や感覚などとも矛盾するものではありません。世界は複雑であり、私たちはそれを、世界を形成しているそれぞれのプロセスに適した、さまざまな言語によってとらえようとしています。複雑なプロセスのそれぞれに、さまざまなレベルのさまざまな言語で向き合い、理解していくことができます。こうしたさまざまな言語は、プロセスそのものと同様、互いに混ざり合い、からみ合い、豊かになっていきます。たとえば、人間の心理についての研究は、脳の生化学的な研究をとり入れることによって深まっていきますし、理論物理学の研究は、人間の暮らしのなかの情熱や感動によって豊かになっていくのです。

自然の一部である私たち人類

私たち人間の精神的な価値や、感情、愛情などは、自然現象の一部だからといって、真実味に欠けるものではありません。動物の世界と共通するものだろうと、数百万年にわたる人類の進化の過程で決定づけられたものだろうと、それが真実であることには変わりないのです。むしろ、だからこそ真実味が増すといってもいいでしょう。それこそが現実の姿なのですから。私たちは、こうした複雑な現実によってつくられています。私たちの現実は、泣き顔や笑い顔、他人に対する感謝や思いやり、信頼や裏切り、私たちを責めさいなむ過去や平穏などからなっています。私たちの現実は、この社会や、音楽によってもたらされる感動、人々が手をとり合って築きあげてきた共通の知という複雑に入り組んだ豊かなネットワークによって形成されています。こうしたものすべては、いまここで述べている自然の一部なのです。そして、私たち自身もその自然の構成要素であると同時に、自然そのものでもあります。自然のもつ、じつに多彩な無数の表現のひとつなのです。世界のものごとに対する人間の知識が深まるにつれ、私たちは人間も自然の一部であることを痛感するのです。

私たちが人類という種《しゅ》に属しているという事実は、自然からかけ離れた存在であることを意味するのではなく、私たちの自然性です。自然が、その構成要素どうしの相互作用や情報交換、組み合わせという計り知れない駆け引きの結果、この地球という惑星のうえでとったひとつの形態なのです。

こうした素晴らしく複雑なものが、宇宙という果てしない空間のなかに、ほかにいくつ、どのような形で存在するのでしょうか。もしかしたら、私たちには想像もつかないような形をしているかもしれません。宇宙にはあまりに広大な空間があり、このごく平凡な銀河の片隅でしかない地球に、なにか特別なものが存在すると考えるのは、稚拙といえるでしょう。地球での生命の存在は、広大な宇宙ではどんなことが起こりうるかという一例にすぎません。そして私たち人類の命もまた、そのごく一例なのです。

私たち人類は、ヒト属（ホモ属）のなかで唯一生き残った、好奇心旺盛な種です。ヒト属にはほかに十二種ほどの、やはり好奇心旺盛な種がありましたが、すべて絶滅してしまいました。なかには、ネアンデルタール人のように、絶滅してから三万年にも満たないような種もいます。アフリカで進化したヒト属は、階層的な社会をつくり好戦的なチンパンジーの近縁種ですが、さらによく似ているのは、小型のチンパンジー、ボノボでしょう。ボノボは平和を好み、陽気で、男女平等の社会をつくります。ヒト属は、新しい世界を探検するために何度もアフリカを出て、遠く離れた南米のパタゴニアまでやってきただけでなく、とうとう月にまで行ってしまいました。好奇心が旺盛であるという人類の特徴は、自然に反するものではなく、自然に従った結果なのです。十万年前、おそらくこの好奇心に駆られて、人類はアフリカを発ち、さらに遠くへと目を向けるようになっていきました。

私は、以前、夜にアフリカの上空を飛行機で旅したことがありますが、そのとき、私たちの遠い祖先の誰かが立ちあがり、北という広大な大地を目指して歩きつつ、空を見あげ、いつか自分の遠い子孫が、相も変わらぬ好奇心に駆られ、物体の性質について考えながら、空をこんなふうにして飛ぶことを想像しただろうかと考えずにはいられませんでした。

おそらく、人類はそう長くは存続しないでしょう。姿かたちをあまり変えないまま、数億年前（人類の歴史の数百倍に相当します）から存在し続けているカメのような特性をもっているわけでもないのですから。私たちの種の寿命というものは、比較的短いものです。人類の「いとこ」たちはすでにみんな絶滅してしまっていますし、おまけに私たち人類は地球に打撃を与えています。私たち人類が引き起こした気候の変動や地球環境の変化は、きわめて暴力的なものであり、私たちはその影響をまぬかれないでしょう。地球全体からみると、それは小さな問題かもしれませんが、私たち人類がなにも影響を受けずにすむとはとうてい思えません。しかも、世論も政治も、人類が向かいつつある危険を直視せず、まるで砂のなかに頭をうずめているような状態でいる以上、影響は不可避なのです。

私たち人類は、自分はいつか必ず死ぬ運命にあるということを自覚している、おそらく地球上で唯一の種です。このままではそう遠くない将来、自らの種に終わりが訪れるのを、あるいは人類の築きあげた文明が崩壊するのを、自覚とともに見届ける種になるのではあるまいかと危惧しています。

人間は誰しも、自分自身の死と向き合う覚悟が多かれ少なかれできているのと同様に、人類の築いた文明の崩壊と向き合うことになるでしょう。両者にはそれほど大きな違いはありません。しかも、文明が崩壊するのは、なにもこれが初めてのことではなく、マヤ文明もクレタ文明も崩壊しました。星たちが生まれては消えていくのと同様に、私たち人類も、個人単位で、または集団で、生まれては消えていきます。それが私たちの現実なのです。私たちにとって、人生は、はかないものだからこそ貴重なのです。古代ローマの哲学者、ルクレティウスの言葉にあるように、「生に対する私たちの食欲は底なしで、生に対する私たちの渇きは癒されることがない」（『物の本質について』Ⅲ、一〇八四）のです。

私たちをつくり出し、包み込んでくれる自然のなかにいる私たちは、何か別のものに対する郷愁を抱えたまま、部分的にだけ自然の構成要素であり、二つの世界のあいだで宙ぶらりんになっている、家をもたない者たちではありません。そうではなく、ここが私たち人間の家なのです。

自然こそが私たちの家であり、私たちにとっては自然のなかにいることが家にいることを意味します。私たちが探索を続けている、空間は膨張し、時間は存在せず、物体は本当はそこにないのかもしれない、そんな奇妙で、多様で、驚異的なこの世界は、私たちから遠い存在ではありません。私たちのもって生まれた好奇心が見せてくれる、私たちの家の姿にすぎないのです。私たち自身がつくられている構造についてもおなじことがいえます。私たちは、ほかの物質がつくられているのとおなじように、宇宙の粒によってできていて、苦しみ嘆いているときでも、喜びにあふれて笑っているときでも、いつだって世界の一部でしかありません。それ以外のものであることは、私たちにはできないのですから。
ルクレティウスは、これを次のような素晴らしい言葉で表現しています。

〔前略〕
私たちは皆、天空の種子から生まれた。
　万物が共通の父をもち、
私たちを育む母なる大地は、その天空から
　雨という澄んだ滴を受けとり、
光輝く小麦や
　豊かな木々を育て、
人類という種や

獣の子孫たちを育み、
万物の身を培う食べものを提供する。
甘美な生を送り、
子孫を残すために。〔後略〕
（Ⅱ、九九一—九九七）

私たち人間が、愛し、誠実でいるのは、自然の姿です。より多くのものごとを知りたいと願い、学び続けるのもまた、自然の姿です。世界について、私たちはますます多くのものごとを学んでいます。そこには、私たちがいま解明しつつある知のフロンティアというものが存在し、知りたいという私たちの願いが熱くたぎっています。たとえば空間の奥深くの微細な構造や、宇宙の起源、時間というものの性質、ブラックホールの宿命、そして、私たち自身の思考の働き……。

私たち人間がわかっていることの周囲には、大海のようにひろがる、まだ解き明かされていないことと境を接しながら、謎めいた美しい世界が光り輝いています。その姿に私たちは、息をするのも忘れて見惚《みほ》れてしまうのです。

訳者あとがき

二〇一五年の初め、イタリアの出版界はちょっとした騒動に見舞われていた。前年の十月に出された、一〇〇グラムあまりの小さな物理の本が、じわじわとベストセラーのランキングを上昇し、とうとう一位に躍り出たのだ。「科学書」のカテゴリでではない。イタリアが世界に誇る大作家、ウンベルト・エーコの待望の新作小説や、各国で快進撃を続けている近藤麻理恵の片づけ指南書を抑えて、「総合ランキング」での堂々一位だ。

版元は、アデルフィ社という、良質ではあるけれど、いってみれば地味な文学書や哲学書をおもに刊行している、ミラノの小さな出版社。くすんだ青一色の表紙に、タイトル *Sette brevi lezioni di fisica*〔七つの短い物理の授業〕と著者名・出版社名だけが黒の文字で記された、なんとも素っ気ない装幀の書籍によるこの快挙は、《ロヴェッリ・ミラクル》と称され、各メディアでこぞってとりあげられたため、さらに人気に拍車をかける恰好となった。

この「ミラクル」という言葉には、むろん物理学書であるにもかかわらず、一年もしないうちに三十万部近くを売りあげる大ヒットとなった「奇跡」という意味合いもある（現在、世界の二十か国で版権が取得され、順次刊行が進められている）。だがそれよりも、眉間《みけん》に皺《しわ》を寄せながらでないと理解できないほど難解なはずの物理を、誰もがわかる平易な言葉で、公式も用いずに、しかも詩的に語ってみせるという「奇跡」を成し遂げた、著者ロヴェッリに対する称讃がこめられている。

物理学の分野でのベストセラーと聞くと、ファインマンや、ホーキング博士を思い浮かべる人も少なくないだろう。この書は、そうした名著のさらに前段階として、物理とは何かをやさしく説いてくれる「はじめの一歩」と位置づけられる。ロヴェッリは、二十世紀における物理の革新的な発見から、現代においてもなお未解決な課題までを、哲学や科学史までをも広く俯瞰《ふかん》したうえで、ひとつの「流れ」として捉えている。たんに個々の知識を羅列するのではなく、物理学が私たち人間の世界観の形成にどのような役割を果たし、私たちという存在にどのような影響を及ぼしてきたのかを語ってくれるのだ。

これまで、物理は自分とは縁がないと思ってきた人、あるいは理解しようとしたものの挫折した人、日常生活のなかで粒子の存在なんて意識したこともないという人……。そんな人たちも、ロヴェッリの全七回の《講義》を読むことによって、どうやら地球はニュートンの発見した万有引力によって太陽のまわりをまわっているわけではないらしいことがわかり、冷凍食品を水に浸けて解凍するとき、冷たい分子とあたたかい分子がランダムに動きまわる様子が想像できるようになる。なにより、私たち人間は宇宙のごく小さな一部であり、宇宙という素晴らしい調和のうえに存在していること、だからこそすべての自然物に対して敬意を抱くべきだということに気づかされる。そして、人間の本来の姿である、より多くのものごとを知りたいと願い、学び続ける気持ちを大切にしたいと思わせてくれるのだ。さもないと、人間は「自らの種《しゅ》に終わりが訪れるのを、自覚とともに見届ける唯一の種になる」というロヴェッリの警告を読んでしまった以上、背を向けるわけにもいくまい。

一方で、この書には、「高校、大学と物理を勉強してもわからなかったことが、三時間で理解できた」、「高校の物理の先生がロヴェッリだったら、僕には別の人生がひらけていただろう」などと、物理を学んだ経験のある若い世代からも共感の声が寄せられている。ロヴェッリは、物理を学ぶことは、ベートーヴェンの後期弦楽四重奏曲を理解できるようになるのと同様、「純粋な美」を理解することであり、「世界に対する新しい視野」を身につけることなのだと情熱的に語り、人間にとって、知るという行為がいかに大切なことなのかを教えてくれる。そこには、文系と理系の垣根など存在しない。

最前線から現在の知のさらに向こうを眺めるとき、科学というものはその美しさを増します。まるで熱せられた溶鉱炉のなかのように、いくつものアイディアや着想が生まれ、新たな試みへとつながっていくのです。そこにはさまざまな歩みがあり、失敗があり、情熱があります。そして、これまで誰も想像さえしなかったことを想像しようという努力があるのです。

という短い文章に凝縮されているとおり、本書全体が科学に対する讃歌となっている。

ここで少し、著者の経歴を紹介しておこう。一九五六年、ヴェローナ生まれのカルロ・ロヴェッリは、ボローニャ大学で物理学を専攻、パドヴァ大学の大学院に進んだ。その後、ローマ大学や米国のイェール大学などを経て、イタリアのトレント大学で研究員となり、一九九〇年から二〇〇〇年までは、米国のピッツバーグ大学で教鞭をとっていた。現在は、フランスのエクス＝マルセイユ大学の理論物理学研究室で、量子重力理論の研究チームを率いている国際派だ。専門は、「一般相対性理論と量子力学を統合しようという試みのひとつ」と第5回講義で紹介されている《ループ量子重力理論》。世界の複数の国々で、少数の精鋭な研究者が取り組んでいるという新しい理論だ。そんな理論物理学の最先端を行くと同時に、科学史や哲学にも詳しく、複雑な理論をわかりやすく解説するセンスには定評がある。

現代の物理学では、特定の問題の解決策としての実験的な研究が重視されるあまり、思想や哲学、概念といった要素が軽視される傾向があると、ロヴェッリは述べている。この数十年というもの、誰もが共有できるような形で根本的な問題を解決できていない現代物理学の停滞は、物理学者の育成や研究活動において、こうした歴史・哲学的な要素が欠けているからではないかと指摘しているのだ。

ここで、「意識という主観的な感覚に相当する領域を数学的なかたちで詳細に解明しようという試み」として本書の最終講義で紹介されているイタリアの脳神経学者、ジュリオ・トノーニについても少し触れておきたい。トノーニの統合情報理論については、日本でも翻訳が刊行されたばかりで、大きな話題を呼んでいる。「他の器官とたいして変わらないように見える脳という物体が、なぜ意識を宿すのか」という謎に挑んだ意欲作、『意識はいつ生まれるのか』〔花本知子訳・亜紀書房〕だ。それぞれ異なる分野で世界的に活躍する二人のイタリア人科学者、ロヴェッリとトノーニには共通点がある。豊かな人文知をバックボーンとして、専門的な研鑽を積んできたということだ。本書でロヴェッリが古代の哲学者アナクシマンドロスやルクレティウスを引用しているように、トノーニの著作では近代哲学の父デカルトや、十九世紀のアメリカの詩人ディキンソンが引用される。

哲学者が疑問を抱かなかったら現代の科学の発展はなかったとロヴェッリも語っているとおり、本来、人文知はいわゆる理系の知識と切り離して考えることのできないもののはずだ。それを完全に切り離してしまうと、アインシュタインが危惧していたように、「何千本もの木を見たけれど、一度も森を見ていない」という状況におちいってしまうのだろう。

日本ではいま、人文知を大学から排除しようという動きがある。だが、果たして本当にそれでいいのだろうか。この書を読むと、思想史も哲学も、最先端の科学技術の発展に貢献しない「無用な学問」などではなく、もっとも革新的な理論のもととなるアイディアを生み出してきたことがわかる。そんな人文知を切り捨てるのではなく、むしろリベラルアーツ的な広い教養に根差した教育に力を入れ、理系と文系の枠を超えた試みがより盛んになるように後押ししていくことこそが、これからの教育に求められているのではないだろうか……。訳しながら、思わずそんなことまで考えてしまった。

最後に、翻訳にあたってお世話になった方々に、心から感謝したい。

本書に出会わせてくれ、物理の世界を垣間見る機会を与えて下さった河出書房新社の携木敏男さん、日本語版の監訳をしてくださった竹内薫さん、訳文に丁寧に目を通し、私にはふだんあまり馴染みのない用語の使い方をはじめ、適切なご助言をくださった青木邦哉さん、そして日本語版のためにユーモアあふれる素敵なイラストを描きおろしてくださったタケウマさん、本当にありがとうございました。

この本をきっかけとして物理に興味を持ち、まだ解き明かされていない謎めいた美しい世界に、息をするのも忘れて見惚《みほ》れてしまう人が増えることを願っている。

二〇一五年九月

関口英子

本書は二〇一五年に小社から刊行した単行本『世の中ががらりと変わって見える物理の本』を改題して文庫化したものです。

すごい物理学入門《ぶつりがくにゅうもん》

二〇二〇年 九 月二〇日　初版発行
二〇二四年 七 月三〇日　7刷発行

著　者　C・ロヴェッリ
監訳者　竹内薫《たけうちかおる》
訳　者　関口英子《せきぐちえいこ》
監訳協力　青木邦哉《あおきくにちか》
イラスト　タケウマ
発行者　小野寺優
発行所　株式会社河出書房新社
〒一六二－八五四四
東京都新宿区東五軒町二－一三
電話〇三－三四〇四－八六一一（編集）
〇三－三四〇四－一二〇一（営業）
https://www.kawade.co.jp/

ロゴ・表紙デザイン　粟津潔
本文フォーマット　佐々木暁
印刷・製本　大日本印刷株式会社

Printed in Japan　ISBN978-4-309-46723-8

世界一素朴な質問、宇宙一美しい答え

ジェンマ・エルウィン・ハリス〔編〕　西田美緒子〔訳〕　タイマタカシ〔絵〕 46493-0

科学、哲学、社会、スポーツなど、子どもたちが投げかけた身近な疑問に、ドーキンス、チョムスキーなどの世界的な第一人者はどう答えたのか？　世界18カ国で刊行の珠玉の回答集！

触れることの科学

デイヴィッド・J・リンデン　岩坂彰〔訳〕 46489-3

人間や動物における触れ合い、温かい／冷たい、痛みやかゆみ、性的な快感まで、目からウロコの実験シーンと驚きのエピソードの数々。科学界随一のエンターテイナーが誘う触覚＝皮膚感覚のワンダーランド。

古代文明と気候大変動　人類の運命を変えた二万年史

ブライアン・フェイガン　東郷えりか〔訳〕 46307-0

人類の歴史は、めまぐるしく変動する気候への適応の歴史である。二万年におよぶ世界各地の古代文明はどのように生まれ、どのように滅びたのか。気候学の最新成果を駆使して描く、壮大な文明の興亡史。

歴史を変えた気候大変動

ブライアン・フェイガン　東郷えりか／桃井緑美子〔訳〕 46316-2

歴史を揺り動かした五百年前の気候大変動とは何だったのか？　人口大移動や農業革命、産業革命と深く結びついた「小さな氷河期」を、民衆はどのように生き延びたのか？　気候学と歴史学の双方から迫る！

この世界が消えたあとの　科学文明のつくりかた

ルイス・ダートネル　東郷えりか〔訳〕 46480-0

ゼロからどうすれば文明を再建できるのか？　穀物の栽培や紡績、製鉄、発電、電気通信など、生活を取り巻く科学技術について知り、「科学とは何か？」を考える、世界十五カ国で刊行のベストセラー！

人間はどこまで耐えられるのか

フランセス・アッシュクロフト　矢羽野薫〔訳〕 46303-2

死ぬか生きるかの極限状況を科学する！　どのくらい高く登れるか、どのくらい深く潜れるか、暑さと寒さ、速さなど、肉体的な「人間の限界」を著者自身も体を張って果敢に調べ抜いた驚異の生理学。

「困った人たち」とのつきあい方

ロバート・ブラムソン　鈴木重吉／峠敏之〔訳〕　46208-0

あなたの身近に必ずいる「とんでもない人、信じられない人」——彼らに敢然と対処する方法を教えます。「困った人」ブームの元祖本、二十万部の大ベストセラーが、さらに読みやすく文庫になりました。

海を渡った人類の遥かな歴史

ブライアン・フェイガン　東郷えりか〔訳〕　46464-0

かつて誰も書いたことのない画期的な野心作！　世界中の名もなき古代の海洋民たちは、いかに航海したのか？　祖先たちはなぜ舟をつくり、なぜ海に乗りだしたのかを解き明かす人類の物語。

人類が絶滅する6のシナリオ

フレッド・グテル　夏目大〔訳〕　46454-1

明日、人類はこうして絶滅する！　スーパーウイルス、気候変動、大量絶滅、食糧危機、バイオテロ、コンピュータの暴走……人類はどうすれば絶滅の危機から逃れられるのか？

FBI捜査官が教える「しぐさ」の心理学

ジョー・ナヴァロ／マーヴィン・カーリンズ　西田美緒子〔訳〕　46380-3

体の中で一番正直なのは、顔ではなく脚と足だった！「人間ウソ発見器」の異名をとる元敏腕FBI捜査官が、人々が見落としている感情や考えを表すしぐさの意味とそのメカニズムを徹底的に解き明かす。

人生に必要な知恵はすべて幼稚園の砂場で学んだ

ロバート・フルガム　池央耿〔訳〕　46421-3

生きるのに必要な知恵とユーモア。深い味わいの永遠のロングセラー。“フルガム現象”として全米の学校、企業、政界、マスコミで大ブームを起こした珠玉のエッセイ集、決定版！

植物はそこまで知っている

ダニエル・チャモヴィッツ　矢野真千子〔訳〕　46438-1

見てもいるし、覚えてもいる！　科学の最前線が解き明かす驚異の能力！視覚、聴覚、嗅覚、位置感覚、そして記憶——多くの感覚を駆使して高度に生きる植物たちの「知られざる世界」。

犬の愛に嘘はない　犬たちの豊かな感情世界

ジェフリー・M・マッソン　古草秀子〔訳〕　46319-3

犬は人間の想像以上に高度な感情——喜びや悲しみ、思いやりなどを持っている。それまでの常識を覆し、多くの実話や文献をもとに、犬にも感情があることを解明し、その心の謎に迫った全米大ベストセラー。

オックスフォード&ケンブリッジ大学　世界一「考えさせられる」入試問題

ジョン・ファーンドン　小田島恒志／小田島則子〔訳〕　46455-8

世界トップ10に入る両校の入試問題はなぜ特別なのか。さあ、あなたならどう答える？　どうしたら合格できる？　難問奇問を選りすぐり、ユーモアあふれる解答例をつけたユニークな一冊！

オックスフォード&ケンブリッジ大学　さらに世界一「考えさせられる」入試問題

ジョン・ファーンドン　小田島恒志／小田島則子〔訳〕　46468-8

英国エリートたちの思考力を磨いてきた「さらに考えさせられる入試問題」。ビジネスにも役立つ、どこから読んでも面白い難問奇問、まだまだあります！

脳はいいかげんにできている

デイヴィッド・J・リンデン　夏目大〔訳〕　46443-5

脳はその場しのぎの、場当たり的な進化によってもたらされた！　性格や知能は氏か育ちか、男女の脳の違いとは何か、などの身近な疑問を説明し、脳にまつわる常識を覆す！　東京大学教授池谷裕二さん推薦！

都市のドラマトゥルギー　東京・盛り場の社会史

吉見俊哉　40937-5

「浅草」から「銀座」へ、「新宿」から「渋谷」へ——人々がドラマを織りなす劇場としての盛り場を活写。盛り場を「出来事」として捉える独自の手法によって、都市論の可能性を押し広げた新しき古典。

快感回路

デイヴィッド・J・リンデン　岩坂彰〔訳〕　46398-8

セックス、薬物、アルコール、高カロリー食、ギャンブル、慈善活動……数々の実験とエピソードを交えつつ、快感と依存のしくみを解明。最新科学でここまでわかった、なぜ私たちはあれにハマるのか？

「雲」の楽しみ方

ギャヴィン・プレイター＝ピニー　桃井緑美子〔訳〕 46434-3

来る日も来る日も青一色の空だったら人生は退屈だ、と著者は言う。豊富な写真と図版で、世界のあらゆる雲を紹介する。英国はじめ各国でベストセラーになったユーモラスな科学読み物。

スパイスの科学

武政三男 41357-0

スパイスの第一人者が贈る、魅惑の味の世界。ホワイトシチューやケーキに、隠し味で少量のナツメグを……いつもの料理が大変身。プロの技を、実例たっぷりに調理科学の視点でまとめたスパイス本の決定版！

科学を生きる

湯川秀樹　池内了〔編〕 41372-3

“物理学界の詩人”とうたわれ、平易な言葉で自然の姿から現代物理学の物質観までを詩情豊かに綴った湯川秀樹。「詩と科学」「思考とイメージ」など文人の素質にあふれた魅力を堪能できる28篇を収録。

宇宙と人間　七つのなぞ

湯川秀樹 41280-1

宇宙、生命、物質、人間の心などに関する「なぞ」は古来、人々を惹きつけてやまない。本書は日本初のノーベル賞物理学者である著者が、人類の壮大なテーマを平易に語る。科学への真摯な情熱が伝わる名著。

「科学者の楽園」をつくった男

宮田親平 41294-8

所長大河内正敏の型破りな采配のもと、仁科芳雄、朝永振一郎、寺田寅彦ら傑出した才能が集い、「科学者の自由な楽園」と呼ばれた理化学研究所。その栄光と苦難の道のりを描き上げる傑作ノンフィクション。

言葉の誕生を科学する

小川洋子／岡ノ谷一夫 41255-9

人間が“言葉”を生み出した謎に、科学はどこまで迫れるのか？　鳥のさえずり、クジラの泣き声……言葉の原型をもとめて人類以前に遡り、人気作家と気鋭の科学者が、言語誕生の瞬間を探る！

感じることば

黒川伊保子　41462-1

なぜあの「ことば」が私を癒すのか。どうしてあの「ことば」に傷ついたのか。日本語の音の表情に隠された「意味」ではまとめきれない「情緒」のかたち。その秘密を、科学で切り分け感性でひらくエッセイ。

服従の心理

スタンレー・ミルグラム　山形浩生〔訳〕　46369-8

権威が命令すれば、人は殺人さえ行うのか？　人間の隠された本性を科学的に実証し、世界を震撼させた通称〈アイヒマン実験〉――その衝撃の実験報告。心理学史上に輝く名著の新訳決定版。

考えるということ

大澤真幸　41506-2

読み、考え、そして書く――。考えることの基本から説き起こし、社会科学、文学、自然科学という異なるジャンルの文献から思考をつむぐ実践例を展開。創造的な仕事はこうして生まれる。

こころとお話のゆくえ

河合隼雄　41558-1

科学技術万能の時代に、お話の効用を。悠長で役に立ちそうもないものこそ、深い意味をもつ。深呼吸しないと見落としてしまうような真実に気づかされる五十三のエッセイ。

私が語り伝えたかったこと

河合隼雄　41517-8

これだけは残しておきたい、弱った心をなんとかし、問題だらけの現代社会に生きていく処方箋を。臨床心理学の第一人者・河合先生の、心の育み方を伝えるエッセイ、講演。インタビュー。没後十年。

心理学化する社会

斎藤環　40942-9

あらゆる社会現象が心理学・精神医学の言葉で説明される「社会の心理学化」。精神科臨床のみならず、大衆文化から事件報道に至るまで、同時多発的に生じたこの潮流の深層に潜む時代精神を鮮やかに分析。

世界一やさしい精神科の本

斎藤環／山登敬之　41287-0

ひきこもり、発達障害、トラウマ、拒食症、うつ……心のケアの第一歩に、悩み相談の手引きに、そしてなにより、自分自身を知るために——。一家に一冊、はじめての「使える精神医学」。

精子戦争　性行動の謎を解く

ロビン・ベイカー　秋川百合〔訳〕　46328-5

精子と卵子、受精についての詳細な調査によって得られた著者の革命的な理論は、全世界の生物学者を驚かせた。日常の性行動を解釈し直し、性に対する常識をまったく新しい観点から捉えた衝撃作！

ヴァギナ　女性器の文化史

キャサリン・ブラックリッジ　藤田真利子〔訳〕　46351-3

男であれ女であれ、生まれてきたその場所をもっとよく知るための、必読書！　イギリスの女性研究者が幅広い文献・資料をもとに描き出した革命的な一冊。図版多数収録。

脳を最高に活かせる人の朝時間

茂木健一郎　41468-3

脳の潜在能力を最大限に引き出すには、朝をいかに過ごすかが重要だ。起床後３時間の脳のゴールデンタイムの活用法から夜の快眠管理術まで、頭も心もポジティブになる、脳科学者による朝型脳のつくり方。

脳が最高に冴える快眠法

茂木健一郎　41575-8

仕事や勉強の効率をアップするには、快眠が鍵だ！　睡眠の自己コントロール法や“記憶力”“発想力”を高める眠り方、眠れない時の対処法や脳を覚醒させる戦略的仮眠など、脳に効く茂木式睡眠法のすべて。

人間の測りまちがい　上・下　差別の科学史

S・J・グールド　鈴木善次／森脇靖子〔訳〕　46305-6　46306-3

人種、階級、性別などによる社会的差別を自然の反映とみなす「生物学的決定論」の論拠を、歴史的展望をふまえつつ全面的に批判したグールド渾身の力作。

史上最強の哲学入門

飲茶 41413-3

最高の真理を求めた男たちの熱き闘い！　ソクラテス・デカルト・ニーチェ・サルトル…さらなる高みを目指し、知を闘わせてきた32人の哲学者たちの論が激突。まさに「史上最強」の哲学入門書！

史上最強の哲学入門　東洋の哲人たち

飲茶 41481-2

最高の真理を求める男たちの闘い第2ラウンド！　古代インド哲学から釈迦、孔子、孟子、老子、荘子、そして日本の禅まで東洋の“知”がここに集結。真理（結論）は体験によってのみ得られる！

哲学史講義　I

G·W·F·ヘーゲル　長谷川宏〔訳〕 46601-9

最大の哲学者、ヘーゲルによる哲学史の決定的名著がついに文庫化。大河のように律動、変遷する哲学のドラマ、全四巻改訳決定版。『Ｉ』では哲学史、東洋、古代ギリシアの哲学を収録。

哲学史講義　II

G·W·F·ヘーゲル　長谷川宏〔訳〕 46602-6

自然とはなにか、人間とはなにか、いかに生きるべきか——二千数百年におよぶ西洋哲学を一望する不朽の名著、名訳決定版第二巻。ソフィスト、ソクラテス、プラトン、アリストテレスらを収録。

哲学史講義　III

G·W·F·ヘーゲル　長谷川宏〔訳〕 46603-3

揺籠期を過ぎた西洋哲学は、ストア派、新プラトン派を経て中世へと進む。エピクロス、フィロン、トマス・アクィナス……。哲学者たちの苦闘の軌跡をたどる感動的名著・名訳の第三巻。

哲学史講義　IV

G·W·F·ヘーゲル　長谷川宏〔訳〕 46604-0

デカルト、スピノザ、ライプニッツ、そしてカント……など。近代の哲学者たちはいかに世界と格闘したのか。批判やユーモアとともに哲学のドラマをダイナミックに描き出すヘーゲル版哲学史、ついに完結。